U0284377

笼养鸟 LONG YANG NIAO

驯养技法与疾病防治

李典友　高本刚 ◎ 编著

中国农业科学技术出版社

图书在版编目（CIP）数据

笼养鸟驯养技法与疾病防治 / 李典友，高本刚编著．—北京：中国农业科学技术出版社，2016.2（2024.7重印）

ISBN 978 - 7 -5116 -2341 -6

Ⅰ.①笼… Ⅱ.①李…②高… Ⅲ.①观赏型 – 鸟 – 饲养管理②观赏型 – 鸟 – 禽病 – 防治 Ⅳ.①S865.3②S858.39

中国版本图书馆 CIP 数据核字（2015）第 257097 号

选题策划	闫庆健
责任编辑	闫庆健　孟宪松
责任校对	李向荣

出 版 者	中国农业科学技术出版社
	北京市中关村南大街 12 号　邮编：100081
电　　话	(010)82106632(编辑室)　(010)82109704(发行部)
	(010)82109709(读者服务部)
传　　真	(010)82106625
网　　址	http://www.castp.cn
经 销 者	各地新华书店
印 刷 者	北京建宏印刷有限公司
开　　本	850mm ×1 168mm　1/32
印　　张	8.875
字　　数	183 千字
版　　次	2016 年 2 月第 1 版　2024 年 7 月第 7 次印刷
定　　价	35.00 元

前　言

　　笼养鸟体色艳丽、姿态优美、活泼伶俐、性情温顺，容易与人建立情感，顺从人们使唤，给人们增添许多生机与情趣。在繁忙的工作之余聆听鸟儿优美动听的歌声和饲喂驯养鸟儿，可以调整心态，给人一种轻松愉悦的感觉，陶冶性情、调剂生活、消除疲劳。尤其养鸟与老年人相伴，可调节孤寂的心情，让老人度过愉快晚年生活，有益于身心健康长寿。同时养殖笼养鸟广泛用于科研、教育、文化、医药、食用。笼养鸟死后还可制成宠物标本，放到居室可供观赏、美化居室环境。近些年来，随着人们物质生活和文化生活水平的提高，城乡居民笼养鸟明显增多，在花鸟市场需求量越来越大。尤其是国际贸易创汇经济效益十分可观，经济价值很高。因此，笼养鸟驯养、繁殖的人越来越多，驯养繁殖笼养鸟已经成为一项很有发展前途的新兴产业。广大赏玩者和养殖者迫切需要掌握笼养鸟的赏玩驯养、繁殖方法与疾病防治技术以提高养殖经济效益。为此，我们长期深入笼养鸟驯养繁殖场户调查研究，收集总结他们笼养鸟的驯养技法与鸟类疾病防治经验，并参考有关资料，编写了《笼养鸟驯养技法与疾病防治》一书。

本书系统阐述了 21 种赏玩价值很高的笼养鸟类的赏玩与经济价值、形态特征与主要养殖品种、生活习性、引种与选种饲养管理、调教训练技法、繁殖技术、疾病防治与笼养鸟标本制作技术等。编写过程中力求内容丰富新颖，突出了知识性、趣味性、实用性、通俗性的特点，图文并茂，可作为家庭养殖者养殖笼养鸟的指导书，亦可作为动物科研人员及农林院校动物科学专业教学实验的参考书。本书在编写过程中得到了余茂耘老师等多位人士的支持，在此致以深切的谢意。

由于本书涉及面广，加之编者的水平有限和笼养鸟驯养和鸟病防治实践经验不足，书中疏漏和不妥之处在所难免，敬请读者和养鸟爱好者予以指正，便于再版时修订。

编著者

2015. 8

于皖西学院大别山发展研究院

目　录

第一章　笼养鸟的设备和用具 ………………………………（1）

　第一节　鸟笼的种类 …………………………………………（1）

　　一、观赏笼 …………………………………………………（1）

　　二、串笼 ……………………………………………………（6）

　　三、水浴笼 …………………………………………………（6）

　　四、繁殖笼 …………………………………………………（7）

　第二节　鸟架 …………………………………………………（7）

　第三节　鸟的食缸和饮缸 ……………………………………（8）

　第四节　笼罩和笼刷 …………………………………………（8）

第二章　笼养鸟饲料与需要的营养物质 …………………（9）

　第一节　笼养鸟所需要的营养物质 …………………………（9）

　　一、碳水化合物 ……………………………………………（9）

　　二、蛋白质 ………………………………………………（10）

　　三、水 ……………………………………………………（11）

　　四、维生素 ………………………………………………（11）

　　五、矿物质 ………………………………………………（12）

　　六、脂肪 …………………………………………………（13）

　第二节　笼养鸟的饲料配制与喂食 ………………………（13）

一、笼养鸟的饲料种类 ……………………………… (13)

二、饲料配制与喂食 ………………………………… (16)

第三节　笼养鸟活饵料的养殖 ……………………… (18)

一、杂虫的饲养方法 ………………………………… (18)

二、黄粉虫 …………………………………………… (19)

三、蝇蛆 ……………………………………………… (29)

四、鼠妇 ……………………………………………… (33)

五、蚯蚓 ……………………………………………… (35)

第三章　笼养鸟驯养与繁殖 ………………………… (42)

第一节　鹦鹉驯养技法 ……………………………… (42)

一、绯胸鹦鹉驯养技法 ……………………………… (42)

二、虎皮鹦鹉驯养与繁殖 …………………………… (48)

三、牡丹鹦鹉驯养技法 ……………………………… (53)

第二节　百灵鸟驯养技法 …………………………… (57)

一、赏玩与经济价值 ………………………………… (57)

二、形态特征 ………………………………………… (58)

三、生活习性 ………………………………………… (61)

四、选种与笼具 ……………………………………… (62)

五、饲养管理 ………………………………………… (64)

六、繁殖和育雏 ……………………………………… (66)

七、调教和训鸟方法 ………………………………… (68)

第三节　画眉驯养技法 ……………………………… (72)

一、赏玩与经济价值 ………………………………… (72)

二、形态特征 ………………………………………… (72)

三、生活习性 ………………………………………… (73)

四、选种与笼具 ……………………………………（74）

五、饲养管理 ………………………………………（77）

六、调教和训鸟方法 ………………………………（78）

七、运输 ……………………………………………（80）

第四节　八哥驯养技法 ……………………………（80）

一、赏玩和经济价值 ………………………………（80）

二、形态特征 ………………………………………（81）

三、生活习性 ………………………………………（82）

四、选种与笼具 ……………………………………（82）

五、饲养管理 ………………………………………（83）

六、调教和训鸟方法 ………………………………（85）

七、繁殖技术 ………………………………………（87）

第五节　鹩哥驯养技法 ……………………………（88）

一、赏玩与经济价值 ………………………………（88）

二、形态特征 ………………………………………（89）

三、生活习性 ………………………………………（89）

四、笼具 ……………………………………………（90）

五、饲养管理 ………………………………………（90）

六、调教和训鸟方法 ………………………………（91）

七、繁殖方法 ………………………………………（91）

第六节　松鸦驯养技法 ……………………………（92）

一、赏玩与经济价值 ………………………………（92）

二、形态特征 ………………………………………（93）

三、生活习性 ………………………………………（94）

四、选种与笼具 ……………………………………（94）

五、饲养管理 ……………………………………（95）

六、调教和训鸟方法 ……………………………（96）

第七节　金丝雀驯养技法 …………………………（96）

一、赏玩与经济价值 ……………………………（96）

二、形态特征 ……………………………………（97）

三、生活习性 ……………………………………（98）

四、挑选良种 ……………………………………（99）

五、笼具 …………………………………………（99）

六、饲养管理 …………………………………（100）

七、繁殖技术 …………………………………（102）

第八节　黄雀驯养技法 ……………………………（104）

一、赏玩与经济价值 …………………………（104）

二、形态特征 …………………………………（105）

三、生活习性 …………………………………（106）

四、挑选良种 …………………………………（106）

五、笼具 ………………………………………（107）

六、饲养管理 …………………………………（107）

七、调教和训鸟方法 …………………………（108）

第九节　红嘴相思鸟驯养技法 ……………………（109）

一、赏玩与经济价值 …………………………（109）

二、形态特征 …………………………………（110）

三、生活习性 …………………………………（111）

四、选种与笼具 ………………………………（112）

五、饲养管理 …………………………………（112）

第十节　红喉歌鸲驯养技法 ………………………（113）

一、赏玩与经济价值 …………………… (113)

二、形态特征 …………………………… (114)

三、生活习性 …………………………… (115)

四、饲养管理 …………………………… (115)

五、调教和训鸟方法 …………………… (116)

第十一节 黑头蜡嘴雀驯养技法 ……… (116)

一、赏玩与经济价值 …………………… (117)

二、形态特征 …………………………… (117)

三、生活习性 …………………………… (118)

四、笼具 ………………………………… (118)

五、饲养管理 …………………………… (119)

六、调教和训练方法 …………………… (120)

第十二节 七彩文鸟驯养技法 ………… (121)

一、赏玩与经济价值 …………………… (122)

二、形态特征 …………………………… (122)

三、生活习性 …………………………… (123)

四、饲养管理 …………………………… (123)

五、繁殖方法 …………………………… (124)

第十三节 沼泽山雀驯养技法 ………… (127)

一、赏玩与经济价值 …………………… (127)

二、形态特征 …………………………… (127)

三、生活习性 …………………………… (128)

四、饲养管理 …………………………… (128)

五、调教和训练方法 …………………… (129)

第十四节 红胁绣眼鸟驯养技法 ……… (129)

一、赏玩与经济价值 …………………………………… (130)

二、形态特征 …………………………………………… (131)

三、生活习性 …………………………………………… (131)

四、饲养管理 …………………………………………… (132)

五、繁殖技术 …………………………………………… (132)

六、调教和驯养技法 …………………………………… (133)

第十五节　黄鹂驯养技法 ……………………………… (135)

一、赏玩与经济价值 …………………………………… (135)

二、形态特征 …………………………………………… (136)

三、生活习性 …………………………………………… (137)

四、饲养管理 …………………………………………… (138)

五、调教和训练方法 …………………………………… (140)

第十六节　太平鸟驯养技法 …………………………… (140)

一、赏玩与经济价值 …………………………………… (141)

二、形态特征 …………………………………………… (141)

三、生活习性 …………………………………………… (142)

四、种鸟的挑选 ………………………………………… (142)

五、饲养管理 …………………………………………… (143)

六、调教与训练方法 …………………………………… (144)

第十七节　鸳鸯驯养技法 ……………………………… (145)

一、赏玩与经济价值 …………………………………… (145)

二、形态特征 …………………………………………… (146)

三、生活习性 …………………………………………… (147)

四、养殖场地的选择 …………………………………… (148)

五、饲养管理 …………………………………………… (148)

六、繁殖技术 ……………………………………………… (151)

第十八节 观赏鸽和信鸽驯养技法 ……………………… (152)

一、赏玩与经济价值 …………………………………… (152)

二、形态特征 …………………………………………… (153)

三、生活习性 …………………………………………… (154)

四、鸽子的生长发育特点 ……………………………… (155)

五、饲养观赏鸽和信鸽的优良品种 …………………… (156)

六、信鸽舍与鸽舍的建造 ……………………………… (159)

七、饲料的营养成分及配方 …………………………… (163)

八、保健砂及配方 ……………………………………… (166)

九、饲养管理 …………………………………………… (167)

十、繁殖技术 …………………………………………… (171)

十一、信鸽的调教和驯鸟方法 ………………………… (179)

十二、信鸽戴环志 ……………………………………… (183)

第十九节 锦鸡的驯养技法 ……………………………… (184)

一、赏玩与经济价值 …………………………………… (184)

二、形态特征 …………………………………………… (185)

三、生活习性 …………………………………………… (186)

四、饲养管理 …………………………………………… (187)

第二十节 孔雀驯养技法 ………………………………… (188)

一、赏玩与经济价值 …………………………………… (188)

二、形态特征 …………………………………………… (189)

三、生活习性 …………………………………………… (190)

四、场舍建造与设备 …………………………………… (191)

五、饲料的种类与配方 ………………………………… (192)

六、饲养管理 ······························· （193）

七、繁殖技术 ······························· （196）

第二十一节 野鸟驯养技法 ················· （198）

一、安定 ································· （199）

二、诱食 ································· （199）

三、填喂 ································· （200）

四、管理 ································· （201）

第四章 笼养鸟疾病防治 ················· （202）

第一节 引起鸟病的因素与预防措施 ········· （202）

一、引起鸟病的因素 ····················· （202）

二、鸟病预防措施 ······················· （203）

三、搞好检疫与预防接种 ················· （205）

第二节 鸟类疾病的诊疗技术 ··············· （206）

一、鸟类疾病临床检查 ··················· （206）

二、鸟类疾病剖检诊断和实验室诊断 ······· （212）

三、鸟类疾病防治投药方法 ··············· （213）

四、握鸟和鸟笼间转移方法 ··············· （218）

第三节 笼养鸟常见疾病及防治方法 ········· （219）

一、鸽瘟 ································· （219）

二、鸟出败（鸟霍乱） ··················· （220）

三、鸟副伤寒 ··························· （221）

四、鹦鹉热 ····························· （222）

五、笼鸟曲霉病 ························· （224）

六、肠炎 ································· （225）

七、鸽痘 ································· （226）

八、农药中毒 ……………………………… （227）

九、便秘 …………………………………… （228）

十、软嗉囊病 ……………………………… （228）

十一、皮下气肿 …………………………… （229）

十二、鸟类葡萄球菌病 …………………… （230）

十三、鸟类链球菌病 ……………………… （231）

十四、啄羽癖 ……………………………… （232）

十五、球虫病 ……………………………… （233）

十六、鸟蛔虫病 …………………………… （234）

十七、绦虫病 ……………………………… （235）

十八、羽虱 ………………………………… （235）

十九、鸟马立克病 ………………………… （236）

二十、肿眼病 ……………………………… （237）

二十一、维生素缺乏症 …………………… （238）

二十二、螨虫病 …………………………… （240）

二十三、肥胖症 …………………………… （242）

二十四、蛋阻症 …………………………… （243）

二十五、尾脂腺炎症 ……………………… （244）

二十六、爪伤和骨折 ……………………… （244）

二十七、鸣叫失音症 ……………………… （245）

第四节　防治鸟病的常用药物 …………… （245）

一、常用消毒药物 ………………………… （245）

二、抗菌素类药物 ………………………… （246）

三、磺胺类药物及抗菌增效剂 …………… （248）

四、驱虫类药物 …………………………… （249）

第五章 观赏鸟剥制标本制作与保养 ……………… （250）

　第一节 观赏鸟类剥制标本制作 ……………… （250）

　　一、工具、器材和药品 ……………… （250）

　　二、标本的选择和处理 ……………… （252）

　　三、测量和记录 ……………… （252）

　　四、鸟类皮肤的剥离 ……………… （253）

　　五、涂防腐剂 ……………… （258）

　　六、充填和整形 ……………… （258）

　第二节 笼养鸟标本的保养方法 ……………… （260）

第六章 鸟羽的收集、贮存和利用 ……………… （262）

　　一、利用鸟类羽毛制作多种日用品 ……………… （262）

　　二、利用禽鸟羽加工成多种美观大方的工艺品 … （263）

　　三、加工成粗制复合氨基酸 ……………… （263）

　　四、利用禽类羽毛制作胱氨酸 ……………… （264）

　　五、利用禽羽毛、羊毛、猪鬃、鱼肉制品、角屑等

　　　　制角蛋白质 ……………… （265）

主要参考文献 ……………… （268）

第一章 笼养鸟的设备和用具

　　饲养观赏鸟或人工繁育鸟类必须具备提供鸟类生活、栖息和繁殖的场所，以及必备的养鸟设备与用具，包括鸟的笼舍、鸟架、食具、水具、栖杠、笼罩等。

第一节 鸟笼的种类

　　鹦鹉类的鸟嘴强劲有力，能咬啃木质材料，在我国多用架养，其他种类的鸟多习惯采用鸟笼饲养。鸟笼的种类很多，根据制作材料可分为竹笼、木笼、金属丝笼等。

　　观赏鸟一般多用竹笼饲养。因为竹质细密，坚实耐用，而且价格便宜。从鸟笼的形状来看，鸟笼可分为圆形笼、方形笼；以鸟笼的应用为依据，大致可分为观赏笼、串笼、水浴笼、繁殖笼、圈子笼、运输笼等。

一、观赏笼

　　养鸟用的观赏笼有圆形笼和方形笼。观赏鸟笼通常用竹制作。笼的大小应根据鸟的不同种类、大小和鸟的生活习性选用，以鸟在笼内能充分活动为度。常见的观赏鸟笼有画眉笼、百灵笼、黄雀笼、点颏笼、芙蓉笼、八哥笼、绣眼鸟笼等。

● （一）画眉笼 ●

画眉笼都为竹制，有板笼和亮笼两种。

板笼也称暗笼，上方、背面、左右均用薄木板或竹木封固，笼的前面用笼丝制成。此笼适用于初捕入笼的新鸟驯养。板笼中有一种半敞笼，即左、右笼壁均有一半被封闭，此笼适用于不能"起架"的画眉鸟饲养。

亮笼从形状上可分为圆笼、方笼和腰鼓笼。圆笼又称"爆仗"笼，为圆形亮笼，其大小尺寸通常是高33厘米，笼底直径30厘米。方形笼四壁均用笼丝制成；腰鼓笼则是中间撑大，两头略小。画眉笼需要配上笼衣（笼罩），根据需要掀起或放下。画眉笼的笼栅距离为2厘米，条粗0.3厘米。笼中离笼底约10厘米处设置直径为2厘米的栖木，其表面粘上1层细沙，供画眉鸟栖息、摩擦角质的喙和爪趾。画眉笼中还需要设置食缸、水缸和门缸（又称杂食或接食缸，可放入昆虫和肉食饲料等）。

画眉笼适于饲养体形与画眉相似的杂食性或食虫的中等体形鸟类，如鸫、黄鹂、太平鸟、戴胜等。

● （二）百灵笼 ●

百灵笼都是用竹材制作，圆形。大小有3种规格：大型笼，高65厘米，笼底直径60厘米；中型笼高55厘米，笼底直径45厘米；小型笼高25厘米，笼底直径32厘米左右。小型笼亦称"行笼",是便于携带、遛放用的笼子。笼内无栖木,仅在笼中央设置一个高 13～25 厘米、直径 30 厘米的蘑菇状鸣台,供鸟站立鸣唱。笼底用薄木板制成。笼底部四壁用薄木板围住,以防笼底供鸟沙浴的沙土(不晒干)和食用的沙砾被鸟划出笼外。为了避免笼内的细沙混入食料和饮水中,在靠近笼底部开一个直径约 2.5 厘米的小洞,食缸和水缸扎在洞外笼壁上,鸟可从洞中伸头饮食。百灵笼适用于饲养蒙古百灵、凤头百灵、小沙百灵和云雀等鸟。

● (三)金丝雀笼 ●

金丝雀笼又称芙蓉笼。多用竹材制成,圆形、方形或者长方形。笼顶为平顶或拱顶。笼高约 33 厘米,直径 20 厘米,条间距 1～1.2 厘米,条粗 0.2 厘米。笼底用木质活板或封闭成死板。笼内放置 1～2 根栖木,食缸和水缸各 1 个。金丝雀笼适用于饲养金丝雀、女鸟及鹀类等鸟。金丝雀不太怕人,它的繁殖笼可用普通竹笼,长 46 厘米,宽 31 厘米,条间距1～1.2 厘米。

● (四)黄雀笼 ●

黄雀笼多用竹制或金属材料制成小圆笼。笼高 21 厘米,圆底,直径 30 厘米,条间距 1.2 厘米,条粗 0.2 厘米;笼底用木板制成,也可用塑料板制成封闭的死底,底圈高 3 厘米。在距笼底 5～6 厘米处安置 2 根紫藤木的栖杠,利于鸟的站立。在栖杠两端安置 4 个食缸和水缸。黄雀笼适用于各种食谷小鸟,如黄雀、山雀、金翅雀、鹀和文鸟等的饲养。

● （五）点颏笼 ●

点颏笼多用竹材制成圆笼，笼高 30 厘米，笼底直径 25 ~ 30 厘米，条间距 1.5 厘米，条粗 0.2 厘米；笼顶中央封闭部分直径 16 厘米，笼顶心有板，防止点颏顶笼。笼底为亮底，铺布垫或下设粪托。笼内放一根粗（直径）0.9 厘米的栖杠，两端放置食缸和水缸各 1 个，并设置 1 个杂食缸。点颏笼适用于点颏、红嘴相思鸟和尾鸲、鹟鸟类等鸟饲养。

● （六）八哥笼 ●

八哥笼多用竹材制成或 14 号铅丝制成圆形笼。八哥笼应高大，一般笼高 45 ~ 48 厘米，笼底直径为 36 ~ 38 厘米，条间距 2 厘米；笼底向上突起，设接粪底板。笼内放置粘带细沙的栖杠 1 根，深大腰鼓形的食缸和水缸各 1 个，并加 1 个杂食缸存放沙子、菜心等。八哥笼适用于椋鸟科、伯劳、松鸦和大型画眉等鸟类饲养用。

● （七）黄鹂笼 ●

黄鹂笼的要求在初期的饲养上，为防止它撞笼损伤羽毛，可使用 25 厘米 × 20 厘米 × 15 厘米大小的板笼。由于这种笼光线暗，能使鸟保持安静，身体可以活动，但可有效防止撞笼。待鸟适应了环境，"认食"以后，可再自制 90 厘米 × 60 厘米 × 60 厘米的中型方笼或饲养八哥的铁丝笼。

● （八）绣眼鸟笼 ●

绣眼鸟笼多用竹材制成小方笼。绣眼鸟笼的大小不一，有大、中、小 3 种规格。大笼高 21 厘米，宽 20 厘米，长 20 厘米。中笼高 20 厘米，宽 12 厘米，长 19 厘米。小笼高 19 厘米，宽 18 厘米、长 18 厘米，属于鸟笼中体积最小的一种。绣眼鸟笼亮底，无底圈，粪托为笼底上的一个插板；弓型顶，5 厘米见方；上、下各有 1 个栖杠（不要过粗），食缸、水缸和杂食缸各 1 个。绣眼鸟笼适于绣眼鸟、鹛、莺和山雀等饲养用。

● **（九）芙蓉鸟笼** ●

芙蓉笼多用竹材制成方形笼，有高方形笼和低方形笼之分。高方形笼长为 46 厘米、宽 30 厘米、高 35 厘米；低方形笼长为 27 厘米、宽 27 厘米、高 35 厘米。芙蓉鸟为小型鸟，但笼宜大，因为芙蓉娇弱，需要增加活动量。笼内架设栖木 2 根，用南天竹枝杆制成。笼的底板上放置 1 层沙子。芙蓉鸟笼内的食缸宜用缸体浅、口颈大、容量较小的腰鼓形缸，另设 1 个水缸和 1 个直筒形的菜缸。笼底板上放置 1 层沙子，用于承粪，以防污染鸟身。

● **（十）鹦鹉笼** ●

鹦鹉笼多为圆形，上部呈拱形或长方形。为了防止鹦鹉嘴咬坏鸟笼和器具，一般用粗铁丝制成。内有金属制成的食缸和水缸。若饲养大型鹦鹉，可用金属管制成框架，架高 55～60 厘米，宽 40～45 厘米，在框架两边安放食缸和水缸，并用 1 条轻而结实的锁链一端固定在框架上，另一端拴系可随意转动的脚环或颈环，然后将环套在鹦鹉脚的跗蹠部或脖子上即可。笼底通常是条状，有缝隙，鹦鹉粪便可直接漏下，下有接粪板。笼底要铺细沙，便于鹦鹉行走和清扫粪便。

二、串笼

在笼养鸟饲养过程中，串笼用于鸟笼日常清扫、更换食缸和水缸，或因鸟生病而隔离观察治疗，为防止因惊撞而伤了头部和羽毛的替换鸟笼。串笼一般为长方形，鸟笼大小为20厘米×20厘米×15厘米，或者35厘米×25厘米×20厘米，条间距约1厘米。笼的前后设有两口双开门（即大门中间套小门）。笼内设置栖杠而无食缸和水缸。有的鸟类饲养不能使用此串笼，可将2个观赏鸟笼直接串起来用。

三、水浴笼

鸟水浴不但能清除鸟体表的污垢，保持鸟体清洁，而且也是鸟体的最佳运动之一。鸟在洗浴中增加活力，鸟洗浴后理羽抖翅增添玩赏者乐趣。水浴笼多用竹栅或铁丝网等材料制成。笼条间距2厘米左右，根据鸟体大小决定浴笼的规格，以便鸟体水浴。

专供画眉、金丝雀、相思鸟等鸟洗浴的水浴笼有2种型式。一种是竹制长方形，很大的笼子，水浴时把鸟放入其中，然后将浴笼放入预先放好清水的盆中，让鸟洗澡，洗毕后再将鸟放回原笼。另一种水浴笼是较观赏笼稍小的铅丝制成的方形笼，将鸟笼放入浅水盆中任鸟水浴。为了避免鸟初次水浴时怕水受惊，不敢洗澡，需要先使鸟习惯笼和浴盆，再在盆内加水。这样的水浴不如在水浴笼中洗的透，而且容易弄湿笼底。炎热季节饲养笼鸟，一般每天洗1次。洗浴时间多选择在下午。春秋季节的干燥天气，可每隔 1 日洗浴 1 次。寒冷季节在保温环境中饲养的笼鸟，可每隔 3~5 天，选择在阳光充足的时刻洗浴 1 次。每次洗浴的时间需要严格控制。体质弱、天气凉则洗浴时间宜短。体质强健的笼鸟，天气较暖，则可适当延长其洗浴时间，一般每次洗浴 3~5 分钟，最长 10~15 分钟。冬季洗浴后需要增加环境温度，促使鸟的羽毛速干为宜。尤其是小型鸣鸟，有时可因洗浴后受寒造成死亡。

四、繁殖笼

繁殖笼是鸟类人工繁殖专用的大型笼。空间为观赏笼的 2~4 倍，多为长方形或立方形。长方形笼规格为 70 厘米×40 厘米×40 厘米，立方形笼为 45 厘米见方。笼的四壁大部分都封闭呈箱形。笼内设置栖杠 4~5 根。在笼的后上方安上巢箱，并在巢箱处开 1 个小门，便于观察亲鸟孵育情况，同时便于清理箱内的污物。笼底宜抽屉式，以便于清扫。

第二节　鸟架

为了保护某些丽羽长尾和饲养大中型鹦鹉，或便于驯教观赏鸟技艺，有时不采用笼养而采用架养。鸟架分直架、弓形架和弯架 3 种。其栖木的粗细程度应根据鸟脚的大小来决定。一般长 45~50 厘米，多用梨木、枣木、黄杨木，直径 1.3~1.5 厘米。一般鸟则用棉线或尼龙线通过"脖锁"拴住其颈部。一定要把鸟拴在栖木中间，绳的长度不超过栖木的1/2，否则，鸟会被缠绕在鸟架上被吊死。

第三节　鸟的食缸和饮缸

饲养鹦鹉，鸟笼内安置食缸和水缸。一般用铜制或金属制成缸外，其他鸟的食缸大都为陶瓷的，便于清洗。食缸多为腰鼓形，因缸口小，以免鸟啄食时料粒溅出造成浪费。同时内容量大，能装料。也有圆柱形等多种食缸。

水缸，又名水罐，是供鸟饮用水的容器。水缸分为2种。一种是陶瓷的水缸，另一种是金属材料制成的水缸。水缸的形状呈半杯状，大小也各不相同。也可用竹筒、广口玻璃瓶等自制水缸，既不会因鸟踩踏而弄湿地面，也便于清洗消毒。

第四节　笼罩和笼刷

鸟笼罩俗称笼衣，为小型笼养鸟遮光、避风、防惊扰，提供各种安静环境的工具。笼罩的颜色因鸟的不同而异。画眉、百灵等鸟类一般用深色的，如蓝色、黑色等布料制成；绣眼鸟、沼泽山雀（红口子）等鸟类，一般用浅色的笼罩。平时鸟笼应罩上笼罩，白天可打开一部分，遛鸟时可全部打开。

笼刷是专用于打扫鸟笼、鸟巢的工具，可在花鸟市场购买宽25~30毫米、粗硬而富有韧性的猪鬃刷，也可用普通洗衣刷或牙刷代替笼刷，洗刷鸟笼。

第二章　笼养鸟饲料与需要的营养物质

鸟类机体需要从外界环境中摄取各种不同的营养物质，鸟类采食各种食物，经过消化、吸收、同化变成为鸟类机体所需的营养物质，最后分解转变为鸟类机体所必须的能量维持生命活动、生长发育和繁殖后代。鸟类所需要营养物质，主要是能量、蛋白质、脂肪、维生素和矿物质等，各种营养物质对于鸟类都具有特殊的功能和作用。缺乏任何一种营养物质时，都会影响鸟类的成活率及正常的生长发育。同时，不同年龄、种类、活动量和不同繁殖期对需要的营养物质也不相同。因此只有通过科学的配料，才可满足鸟类机体生长发育对营养的需要。

第一节　笼养鸟所需要的营养物质

一、碳水化合物

碳水化合物是鸟类热能的主要来源，是形成组织和各器官不可缺少的成分。饲料中的碳水化合物在鸟体内进行生理氧化，产生热能、保持体温、维持生命活动所需的一系列活动，如心脏跳动、肺的呼吸、胃肠蠕动、血液循环及肌肉的活动等。这些活动所需能量的来源主要靠饲料中的碳水化合物。

鸟类的新陈代谢比其他动物旺盛，热能的消耗大，需吃较多的含碳水化合物饲料来补充能量。碳水化合物主要来源于植物性饲料，动物性饲料中的碳水化合物含量很少。所以，在观赏鸟的饲料中，都含有丰富的碳水化合物。一般在鸟体正常的情况下，碳水化合物是可以得到满足的。

二、蛋白质

蛋白质是鸟类机体生命活动的物质基础，它是构成鸟类机体细胞的重要成分，占细胞干重的 50% 以上，是机体内肌肉、羽毛、内脏器官的主要成分。蛋白质是一种复杂的高分子化合物，组成蛋白质的基本单位是氨基酸，约有 20 多种。氨基酸分成两大类：一类称为必需氨基酸，鸟类机体必需的氨基酸为 13 种，主要是蛋氨酸、胱氨酸、赖氨酸、色氨酸与精氨酸，尤以蛋氨酸为主，是维持鸟类正常生命机能、生长、繁殖所必需的，且不能由体内合成，必须由饲料中供给；另一类称为非必需氨基酸，是鸟类机体可以合成的，不一定靠饲料来供给。鸟类饲料中蛋白质不能用碳水化合物或脂肪等营养物质代替，要从饲料中摄取，蛋白质饲料分为植物性蛋白质饲料和动物性蛋白质饲料。前者主要是黄豆、花生、棉仁等，鸟类机体日粮中动物性蛋白质至少应占全部蛋白的

1/3，以保证氨基酸的充足。动物性饲料主要是各种昆虫，如面包虫、面粉虫、蚜虫、蟋蟀、蝼蛄等，鱼粉、血粉、蚕蛹、蚯蚓、蛆虫等。猪瘦肉、牛肉、羊肉、兔肉均可，但必须不加作料煮熟，洗去油脂。剁成细末饲喂；鲤鱼、草鱼、鲢鱼肉均可，应剔去骨刺，不加作料煮熟，剁成细末喂鸟。鸟类日粮中应混合多种蛋白质饲料，使得不同的氨基酸能相互补充，以提高蛋白质的利用率。若蛋白质不足，则影响其生长发育，如喂量过多，既不经济，又会损害肝、肾的正常机能，引起体内尿酸盐大量沉积，也是引起痛风病的原因之一。

三、水

水是鸟类机体的主要组成部分，在鸟体生命活动中，如消化吸收、哺乳、新陈代谢等都需要水，它在体内起着润滑、运送物质、排泄废物、散热等等重要作用。鸟体缺水后机体代谢受阻，消化吸收废物排出发生障碍，血液浓度加大，体温升高，引起生长延缓或停滞，严重时造成死亡。因此，水是鸟类机体不可缺少的组成成分，必须保证每天鸟类均能得到足量清洁的饮用水，以满足鸟类机体对水的需求。

四、维生素

维生素参与鸟类机体物质代谢过程和生理功能所必须的一类低分子化合物，它可增强神经系统，血管肌肉及各器官的功能，并参与酶系统的组成。是鸟体维持健康和促进生长发育、繁殖、抗病不可缺少的微量有机物质。维生素种类很多，大多维生素不能在鸟体内合成，必须由饲料供给。目前，已知有 20 多种，按其溶解性质可分为脂溶性维生素和水溶性维生素两类。脂溶性维生素有维生素 A、维生素 D、维生素 E、维生素 K 等；水溶性维生素能溶于水，主要有 B 族维生素（维生素 B_1、维生素 B_2、维生素 B_6、尼克酸、泛酸维生素 B_{12}、叶酸、生物素等）和维生素 C。鸟类饲料缺乏维生素或者吸收、利用不当时，会导致特定缺乏症或综合征，如新陈代谢紊乱、正常生理机能受阻，造成鸟类生长缓慢，抗病能力减弱，产生疾病甚至死亡。

五、矿物质

矿物质是鸟类机体细胞的组成部分，特别是骨骼的主要成分，是维持酸碱平衡和渗透压的基础物质。矿物质在体内含量不一，含量较多的称常量元素，如钙、磷、钾、钠、氯、镁、硫等。含量极少的如碘、硒、锌、铜、铁、锰、钴、氟等为微量元素。微量元素自己配制很困难，可选择不同类型的微量元素添加剂。矿物质元素起调节体内渗透压、保持酸碱平衡的作用，并可调节体液容量和酸碱度，是维持神经肌肉正常功能不可缺少的物质，也是骨骼、蛋壳等的重要组成部分。钙、磷对鸟类的生长、产蛋、孵化作用尤为重要，因此，要十分重视钙、磷的供给及二者之间的合理比例。常用的矿物质饲料有贝壳粉、骨粉、蛋壳粉、食盐等。

六、脂肪

脂肪主要是三酸甘油酯，又叫中性脂肪。它由脂肪酸和甘油构成。现在已发现有35种脂肪酸，构成种类多、结构复杂的混合甘油酯。脂肪是构成鸟体组织及各种器官的重要成分，如肌肉、神经、骨骼及血液等组织中均含有脂肪。脂肪在动物体内是一种（绝缘）物质，不易传热，能防止热的散失。具有保护体温的功能。另一方面，脂肪在动物体内填塞在器官的周围，具有保护器官的作用。此外，脂肪为脂溶性维生素的溶剂，饲料中的脂溶性维生素A、维生素D、维生素E、维生素K不被溶解，可发生这些维生素的代谢障碍，出现营养缺乏症。因此，在饲料中应有一定量的脂肪含量，可提高饲料的消化率。但是，在观赏鸟的饲养中往往因脂溶性饲料过多，使鸟体肥胖而呆滞，不爱活动，雄鸟不爱鸣叫，受精率降低；雌鸟产卵率下降或不产卵，作为观赏鸟身体过于肥胖，既不美观，又易生病，应引起养鸟爱好者的注意。把饲料搭配好，不宜过多地喂给含脂肪高的饲料。

第二节　笼养鸟的饲料配制与喂食

一、笼养鸟的饲料种类

饲料是饲养鸟类的营养物质基础，鸟类需要采食不同的饲料，经过消化、吸收，最后分解成为鸟类机体生长和繁殖需要的养分。鸟类的饲料有几百种，归纳起来主要有粒料、粉料、青绿植物饲料、动物性饲料、矿物质饲料和色素饲料等六大类。

● **（一）粒料** ●

粒料主要是指未经加工的植物籽实，是硬食鸟的主要饲料。常用的粒料有粟（谷子）、黍子、稗子、稻谷、玉米等淀粉性粒料、苏子、麻籽、油菜籽、松籽、花生米、葵花籽等脂肪性粒料。另外还有人工加工而成的蛋小（大）米等。

蛋小（大）米调配制作方法有以下 3 种，一是把小（大）米放入锅内用文火炒至微黄，将鸡蛋和小（大）米搅拌均匀，摊开晒干后搓散即可，又叫鸡蛋炒米。二是用清水将小（大）米洗一遍，沥干后打入生鸡蛋，搅拌均匀再上锅蒸，起锅后趁热搓散晾干，又叫蒸鸡蛋米。三是直接用生鸡蛋拌小（大）米，拌匀摊开晾干，搓散即可，又叫鸡蛋搓小米。米与鸡蛋的比例因鸟而异，一般 500 克米拌 2 ~ 4 个鸡蛋。

● **（二）粉料** ●

粉料是食软食的画眉、相思鸟、伯劳、点颏、太平鸟、黄鹂、绣眼鸟、柳莺、百灵鸟等的主要饲料。这些软食鸟类在野外以觅食昆虫为主，所摄取的营养主要是动物性蛋白质，在人工饲养下无法全部用昆虫来喂养，必须改变其食性，但又不能违背它们的基本需求。于是用富含植物性蛋白质的豆类，再加少量含动物性蛋白质的鱼粉、蚕蛹粉、熟鸡蛋等制成混合饲料代替。经长期饲养实践证明，只要饲料调配得当，是可以改变食虫鸟的食性而不影响其健康的。常用的粉料有玉米面、黄豆面、绿豆面、豌豆面和鱼粉、骨粉和蚕蛹粉与煮鸡蛋混合的饲料。

● （三） 青绿植物饲料 ●

青绿植物饲料是鸟类所需维生素的主要来源，与鸟类的健康有着密切的关系。缺乏时，鸟类不但发育受到影响，而且容易发生疾病。大部分鸟类都喜欢啄吃青绿植物饲料，有个别的鸟不能直接啄吃到青绿饲料，应采取强迫的办法补充，如把青菜剁成菜末加在粉料中任其自由啄食。

常用的青绿饲料有叶菜类的白菜、圆白菜、油菜、萝卜缨、蒲公英叶以及苜蓿等。瓜果类有西瓜、番茄、南瓜、胡萝卜等，水果类有苹果、梨、桃等。这些青绿饲料都富含糖分和维生素。叶菜类在喂前应洗净并浸泡 5～10 分钟，沥干后切成碎末喂给，任其自由啄食。瓜果类应切成块，插在笼内任鸟啄食。

● （四） 动物性饲料 ●

动物性饲料是富含动物性蛋白质和其他多种营养成分的饲料。主要是昆虫类饲料，以补充鸟类机体动物性蛋白，尤其笼养的食虫鸟长时间吃不到活虫，发育不良，容易死亡。常用的动物昆虫饲料主要是面包虫（黄粉虫）、皮虫、蝗虫、蝇蛆、蚕蛹、蚯蚓等。

● （五） 矿物质饲料 ●

鸟类生长的不同阶段对矿物质的种类和数量要求不同。笼养鸟容易造成阶段性缺乏矿物质，养鸟饲料应按比例混合配制，做到多样化，鸟在产卵和育雏期要注意补充钙和磷；在换羽期尤其要注意补充硫等。常用的矿物质饲料有骨粉、鱼粉、蛋壳粉、乌贼骨、牡蛎等贝壳粉，还有食盐、熟石膏等。

● （六）色素类饲料 ●

鸟类羽毛中的色素沉积与饲料中的色素和微量元素的含量有关。色素饲料可保持和增加鸟类羽毛的颜色。鸟在新羽未长成的 4～5 周内，应补充一些色素饲料，否则，新羽色彩就会变淡。在鸟类换羽期内宜喂些胡萝卜、蛋黄、番茄、青椒和植物花粉等色素饲料。如给金丝雀、十姐妹等鸟的外貌增添红色的饲料，其色素饲料主要成分是胡萝卜素和叶红素。

二、饲料配制与喂食

（1）饲喂全价配合饲料，鸟类的饲料要求多样化，营养全面，以促进鸟体对营养物质的需求。首先要满足蛋白质、脂肪、碳水化合物的需要，然后要适当补充蛋白质和无机盐。应根据各种饲料的营养成分及鸟类生长发育阶段对营养的需求合理搭配，饲料品种应多样化。忌饲喂单一饲料。喂全价配合饲料原料营养成分互补的营养需要，有利于鸟类的营养平衡。如果不能合理配制喂料，不仅浪费了饲料，增加了养殖成本，不能充分发挥良种鸟类的生产性能，直接影响了经济效益，而且会引发营养代谢病和中毒的发生。

（2）应根据鸟类机体的营养需要，在自配料中添加必需的添加剂。尤其要按照鸟类的生长需要合理添加，忌滥用饲料添加剂。饲料添加剂有两类：一类是营养型添加剂如矿物质、维生素、氨基酸等；一类是非营养型添加剂如防霉剂、抗菌剂等。

（3）配制的饲料要新鲜清洁、易于消化、适口性强，忌喂发霉变质的饲料。鸟的饲料如有霉变，应立即停止喂食。配料要用生的肉和蔬菜直接饲喂，以防寄生虫病或其他疾病。饲喂肉类及内脏时应用水洗净、切碎煮熟，再混入洗净切碎的蔬菜，短时间煮沸，做成混合的肉菜汤。注意煮制时间不宜过长，以免损失大量的维生素。配制好的饲料存放时间应根据季节而定，一般冬季 7～10 天，春秋季 5～7 天，夏季 3 天左右。选用饲料要忌用伪劣的混合饲料，因地制宜，因时制宜，尽量选用营养丰富且价格低廉的饲料原料，以降低饲养成本，提高鸟类养殖的经济效益。

（4）应按鸟类不同的消化特点生长阶段选用不同种类、周龄、生产目标而科学配置的全价饲料。鸟类是杂食性动物，对蛋白质、脂肪消化吸收能力强，而对粗纤维的消化利用能力较差，所以选料时应注意其营养组成。根据鸟类的生长阶段选用预混料来配制全价料。此外，对植物性蛋白质的消化率是 80%，因此日粮中的各种营养物质含量应使饲料满足鸟的需要。

补给饲料多数在鸟类进入繁殖期或换羽期后，不同于每日必须的主食饲料。鸟发情产卵时期营养消耗大，需要从饲料中获取的营养量相应也较大，尤其需要较多的动物性蛋白质；幼鸟生长发育快，对蛋白质和钙、磷等矿物质的需要量较多。此外，在换羽期也可相应增加富含蛋白质的饲料和维生素，而减少高脂肪饲料，羽毛粉、蛇蜕、蝉衣和蛋壳内衣等有促进换羽的作用，必需时可在日粮适当增加。有色彩的鸟在新羽未长成的 4~5 周内，应补充一些色素饲料，否则新羽色彩就会变淡。

鸟在不同的季节或不同的生长发育阶段对各种营养成分的需要量也不同。所有饲料在喂给时需要有合适的比例，酌情调整喂食，以保证笼鸟所需要的蛋白质、脂肪、碳水化合物、维生素和矿物质等的合理补给。

第三节　笼养鸟活饵料的养殖

昆虫的体内含有丰富的蛋白质和脂肪，营养价值较高，用于饲养鸟类能起到育肥和增加产蛋量的功能。同时，鸟类野外生活食性嗜吃昆虫，可人工养殖昆虫做饵料，以满足鸟体对动物蛋白的需要。其方法简单，时间短，因此人工饲养杂虫、黄粉虫、蝇蛆、鼠妇等昆虫是解决笼养鸟饵料来源的有效途径。

一、杂虫的饲养方法

杂虫可用稻草、牛粪、堆土、青草和树叶作为饲料进行饲养，下面分别进行介绍。

● (一) 稻草育虫 ●

把稻草切成 6~7 厘米长，加水煮沸 1~2 小时，软化后埋入 15 厘米左右深的土坑内（在坑的四周开沟防止浸水），稻草约放 10 厘米厚，上盖 6～7 厘米污泥，填土后再用稀泥封平。每天浇水 1 次，10 天后就可生出虫群，这时扒开稻草收获杂虫喂饲禽鸟，杂虫收完后还可封好浇水，可连续育虫 4～5 次。

●（二）牛粪育虫●

在粉碎的牛粪内混入一些稻糠后堆成堆，盖上草，10 天左右即可生长杂虫，开堆收虫喂饲禽鸟，虫收完后再堆好，2～3 天 1 个循环育虫。

●（三）堆土育虫●

用草皮、垃圾、酒糟和鸡毛等混合搅拌成糊状，堆成堆后用泥浆封顶，10 天以后即可开堆收虫喂养鸟类，虫收完后再堆好，用此法可反复育虫。

●（四）青草和树叶育虫●

挖 1 个 60～70 厘米深的泥坑，在坑内铺 1 层 60～70 厘米厚的青草和树叶，然后倒入水再用泥土封顶，8～9 天后即可开坑收虫喂饲鸟类。虫收完后，可向坑内补充青草和树叶，再用泥土封顶，用此法可以反复育虫。

二、黄粉虫

黄粉虫俗称面包虫，属于鞘翅目、拟步行虫科。其虫为多汁的软体动物，原产美洲，20 世纪 50 年代由北京动物园从前苏联引进饲养。

黄粉虫富含营养物质，易于饲养，其幼虫早已用作饲料喂养家禽、家畜、药用兽、观赏鸟和鳖、龟、蛤蚧、黄鳝、罗非鱼、鳗鱼等优质鱼以及牛蛙、大鲵、蝎子、蜈蚣、蛇等特种食肉性动物，是高蛋白多汁软体的鲜活饲料。据分析，其蛋白质含量幼虫为48%、蛹为55%、成虫为65%，脂肪含量达28.56%、糖类23.76%，此处还含有10余种氨基酸和多种维生素、激素、酶、几丁质及矿物质磷、铁、钾、钠、钙等，营养价值高。据饲养测定，1千克黄粉虫的营养价值相当于25千克麦麸，20千克混合饲料和1 000千克青饲料。可做成高蛋白干粉，用作饲料添加剂，能加快饲养动物生长发育，增强其抗病抗逆能力，降低饲料成本，开发出高技术产品及食品，市场前景非常广阔，具有较好的经济效益。用黄粉虫配合饲料喂幼鸟，其成活率可达95%以上；喂产蛋鸡产蛋量可提高20%左右；用黄粉虫喂养全蝎等野生药用动物，其繁殖率提高2倍；用3%～6%的鲜虫代替等量的国产鱼粉饲养肉鸡，增重率可提高13%，饲料报酬提高23%。

● **（一）形态特征与生活习性** ●

黄粉虫属完全变态的昆虫，一生要经过卵、幼虫、蛹、成虫四个阶段（图1）。

1. 卵

卵为乳白色、椭圆形，长径约1毫米，短径约0.7毫米。卵壳薄而软极易受损伤。初产卵表面带有黏液，常数粒粘成一团，其表面粘有饲料形成饲料鞘，不易发现。卵产出约1周后即可孵化为幼虫。

2. 幼虫

幼虫刚孵出时长约0.5毫米，乳白色，难辨认，幼虫体长28～32毫米，圆筒形，光滑，4毫米后渐变为黄褐色。幼

幼虫

蛹

成虫

图1　黄粉虫

虫呈圆筒形，有13个节，各节连接处有黄褐色斑纹，在生长过程中要经过若干次休眠和蜕皮（约3个月），刚蜕皮的幼虫呈白色透明，蜕皮8次左右后变成蛹。

3. 蛹

蛹初为白色半透明，渐变黄棕色，再变硬，长15~20毫米，头大尾小，头部基本形成虫的模样，两足向下紧贴胸部，蛹的腹侧呈齿状棱角。蛹不能爬行，只会摆动，不摄食，蛹经10天左右变为成虫。

4. 成虫

刚羽化的成虫为白色，渐变黄褐色、黑褐色，腹面褐色，有光泽，呈椭圆形，长14~15毫米，宽约6毫米。虫体分头、胸、腹3部分。成虫有黑色鞘状的前翅，鞘翅背面有明显的纵行条纹，静止时鞘翅覆盖在后翅上，后翅为膜质有翅脉，纵横折叠于鞘翅之下，雄性有交接器隐于其中，交配时伸出；雌性有产卵管隐于其中，产卵时突出。黄粉虫成虫一般不能飞行，只能靠附肢爬行。黄粉虫喜干不喜湿，不喜光，适宜昏暗环境生活，成虫遇强光照，便会向黑暗处逃避。虽然昼夜均可活动，但夜间活动更为活跃。黄粉虫的适应能力强，可在 5~39℃ 条件下正常生长发育。在 5℃ 以下时黄粉虫进入冬眠。黄粉虫适宜的生长温度为 25℃ 左右，此时摄食量明显增多。其食性杂，食五谷杂粮、糠麸、果皮、菜叶、羽毛、昆虫尸体以及各种农业废弃物。成虫有翅不能飞。成虫、幼虫均能靠爬行运动，极活跃。黄粉虫一生有卵、幼虫、蛹、成虫 4 个阶段，只有成虫期才具有生殖能力，成虫经历 2~4 个月繁殖。寿命长短不一，平均 51 天，最短 2 天，最长 196 天。在正常情况下，每蜕一次皮体重就增加。羽化后 3~4 天开始交配、产卵。产卵期平均 22~130 天，但 80% 以上的卵在 1 个月内产出。雌成虫平均产卵量 276 粒左右。其幼虫喜群集。成虫有自相残杀的习性，即成虫有吃卵、咬食幼虫及蛹的现象。黄粉虫的生长是靠蜕皮来实现的。

●（二）养殖设备●

黄粉虫养殖设备简单，饲养场可根据饲养数量因地制宜、因陋就简。批量养殖黄粉虫可建饲养池饲养。饲养池面积一般以 1 平方米为宜，要求池内壁绝对光滑，防止黄粉虫外逃。池顶可用塑料薄膜覆盖或装上玻璃。养成虫可用木制饲养箱，一般长 60 厘米，宽 45 厘米，高 10 厘米，箱底部安装一块铁纱网，使卵能漏下去，不致被成虫吃掉，纱网下要垫上一层比箱底稍大的接卵纸，纸上写明放纸日期。在接卵纸下面再垫上木板或平整的厚纸板，以承托接卵纸，便于收集虫卵。同时还应准备孔径 1.0 毫米的选筛 1 把，供作筛虫粪和小虫用。大规模养殖黄粉虫时，可将一定数量的木制饲养箱放置于养虫室内，设制多层木箱架将饲养木箱排放于层架上，进行立体饲养。饲养少量黄粉虫可采用各种材料和规格的虫盒，以木制盒为佳。一般规格为长 120 厘米，宽 60 厘米，高 10 厘米，木框内壁应衬贴塑料胶带。盒养的优点是易于搬动，便于管理，操作方便，且能充分利用空间。根据房子和虫盒的情况用木材制造盒架，以供分层放置虫盒。农村饲养少量幼虫也可用大小不同的缸养。

此外，还需要准备温度计 1 支、盛放黄粉虫饲料用的塑料盒、调节养虫房内湿度的洒水壶和用于分离虫粪及幼虫的筛子。筛子四周用 1 厘米左右厚的木板制成，筛网要用分别为 20 目、40 目、50 目的铁丝网及尼龙丝箱各 1 只。

● （三）饲料 ●

黄粉虫为杂食性昆虫，主要以杂粮、米糠、麸皮为主食，兼吃各种菜叶、菜根、桑叶及部分树叶、农作物茎叶、野生草类植物，也食瓜果及一些昆虫蛹、死成虫、不熟肉、骨头等动物性饲料。饲养黄粉虫的饲料应根据其各生长期对营养的需要制定科学的饲料配方，如幼虫期生长过快、活动量大，主食细麸皮或含大米粉的细米糠以及玉米粉等；蛾虫期主食玉米粉、麸皮，添加少量的鱼粉和骨粉；成虫期的饲料配方则为玉米面 15%、麸皮 75%、饼粉 10%。饲料要细碎，喂饲饲料厚度以 1 ~ 3 毫米为宜。根据黄粉虫的生活习性，饲料含水量应为 15%。因此，各生长期除喂上述精细饲料外，还应增喂青菜叶、瓜果或萝卜叶等富含水分的青饲料。

● （四）饲养管理 ●

卵的孵化、幼虫、蛹和成虫应按不同年龄不同生长期分开饲养，切不可混养。因为混养不便于按不同需求投喂食料，而且成虫在觅食过程中容易吃掉卵，而幼虫则容易吃掉蛹。

1. 幼虫期的饲养管理

黄粉虫的幼虫适宜生活在 13～32℃ 和相对湿度为 80%～85% 的条件下，幼虫的厚度不宜超过 3 厘米，以免发热。黄粉虫的主食为麸皮、米糠，兼吃各种杂食。幼虫 20 日龄以后，可在平时饲料上面放些青菜叶、萝卜叶等。饲喂青饲料应根据气温而定，气温高时可多喂一些，每天只要喂青饲料和麸皮、米糠就可以了，喂食一般在晚上进行，没吃完的青饲料必须每天清除。幼虫 1 月龄后每隔一段时间，需要用筛子筛出幼虫，再用细筛把米糠、麸皮中的粪便排除。饲养老熟幼虫可在饲养箱中饲养，每平方米可放虫 24 千克左右（即约 6 000～7 000 条老龄幼虫），厚度不宜超过 2 厘米。饲养配方一般采用麦麸 70%、玉米面 15%、饼粉 15%。为了促使幼虫增长，可在饲料中添加些鱼粉、骨粉之类的饲料，平时还要适当投放青菜叶或瓜果皮以补充水分。幼虫的喂食量要随个体的增大而增加。每年 6～9 月气温较高，黄粉虫生长快，脱壳多，虫体需充足水分以保证新陈代谢，此时期应多喂含水分多的青饲料，每天翻动幼虫 3～5 次，并经常开门窗降温（门窗应安装纱网以防逃防敌害）。冬季黄粉虫吃食少，如果把温度升高到 5℃ 以上则其生长发育恢复正常。幼虫 2 月龄后可用较粗筛子筛虫，每次过筛后要筛去虫皮，捡净杂物，保持饲养箱盒内清洁。幼虫生长速度不同，大小不均，要用分离筛将其分群饲养，密度一般为每箱 24 千克左右。

2. 蛹的饲养管理

幼虫在 15~32℃温度饲养，脱皮 8 次左右，生长到 2~3 厘米长后开始变成蛹。蛹为乳白色，一般长 15~17 毫米，浮在饲料表面，应及时清出虫蛹，以免幼虫咬死蛹。可将每天捡出的蛹放置于通风干燥保温的温室饲养箱内，蛹变箱的放养量不宜过多，以箱底平放 1 层蛹为宜（1 千克左右）。蛹变箱内垫放一张旧报纸。蛹期较短，一般温度在 20~25℃，1 周后就能羽化变成为成虫（蛾）。温度在 10~20℃时，经 2~3 周时间可羽化变成为成虫（蛾）。蛹不宜过湿，以免发生腐烂。

3. 成虫（蛾）的饲养管理

将垫在蛹变箱内的旧报纸轻轻拿到成虫产卵网箱内，把纸上的成虫抖落下来，再把旧报纸（新白纸最好）放在蛹变箱内，然后再放 1 只产卵网箱在报纸上面。羽化的成虫用麸皮加少量水拌湿饲喂，不宜干喂，并要保持新鲜。青饲料切成片，每日傍晚喂 1 次，投料量多少以当天吃完为宜。产卵成虫迁到网箱内饲养繁殖，每 3~5 天换 1 次接卵纸，成虫集中放于 1 个箱内，每只网箱一般放成虫 5 000 只左右，不得铺得太厚。成虫产卵期间为了保证每天产卵的数量和质量需要丰富的食料，除喂混合饲料以外还要增加鱼骨粉以补充营养。在产卵箱内撒 1 层饲料，厚约 1 厘米，再放 1 层鲜菜叶，要求随吃随放，主要补充水分，增加维生素，但刚蜕变的成虫很娇嫩，抵抗力不强，不宜吃过多的青饲料。成虫会分散隐藏在叶片底下。

在饲养黄粉虫过程中应加强饲养管理，搞好卫生，防止病虫害，尤其要防壁虎、鼠、蟾蜍、蜘蛛、蚂蚁、鸟、蟑螂等动物的危害。

● （五）繁殖技术●

1. 种虫的选择

选择种用黄粉虫要求规格整齐。应选择体长在 25 厘米以上的爬动活跃的老熟幼虫，间节色深，体壁光滑。

2. 交配、产卵与孵化

黄粉虫成虫羽化后经 4～5 天性成熟后会自行交配，交配后的雌成虫在正常情况下，1～2 个周后为产卵旺盛期。黄粉虫的繁殖力很强，成虫交配活动不分昼夜，1 次交配需数小时，一生中多次交配，多次产卵。1 只年轻健壮的雌成虫，1 天可产卵 20～30 枚，每次产卵 5～15 粒。卵在 25℃ 左右，经过 3～5 天即可孵化出幼虫。在正常情况下，三个半月至半年 1 只雌成虫能繁殖 200～300 条左右的幼虫。黄粉虫受精卵孵化的快慢与环境温度关系很大，人工繁殖黄粉虫在早春、秋季和冬季应注意保温，以保证卵的孵化。在一般情况下，间隔 7 天左右就将产卵箱内幼虫移至另 1 个产卵箱。原孵化箱的饲料及虫卵即可孵化，直至幼虫全部孵出，把饲料吃完，此后可将虫粪筛除换上新饲料。同时还要及时清除交配后死亡的雄虫，否则会腐烂变质导致其他成虫染上疾病。黄粉虫所产的卵应分期采卵、分期孵化、分群饲养并加以严格控制。但即使如此，饲料群中也会出现老龄幼虫和蛹、成虫共存的现象，这就需要采取分捡方法及时分出蛹和成虫。

● （六）病害防治●

黄粉虫在正常饲养条件下，只要加强管理是很少患病的。

但如果饲养条件太差，管理不当也会发生软腐病和干枯病。同时还会受到螨虫危害。

1. 软腐病

此病多发生于梅雨季节，主要病因是饲养场所空气潮湿，放养密度过大，以及幼虫清粪难筛而用力幅度过大造成虫体受伤。

【症状】病虫行动迟缓，食欲下降，粪便稀清，产仔少，重者虫体变黑、变软，溃烂而亡。

【防治方法】发现黄粉虫软腐病后应立即减喂青菜量，清理病虫粪，开门窗通风散潮，调节适宜的温度，及时取出变软变黑的病虫，并用拌豆面或玉米面250克每箱投喂，等情况好转后再改为麸皮拌青料投饲。

2. 干枯病

发病的主要原因是气温偏高，空气干燥，饲料过干，饲料中的青饲料太少而致。

【症状】此病的病状为病虫头尾部干枯，重者发展到整体干枯而死。

【防治方法】在酷暑高温的夏季，应将饲养箱放至较凉爽通风的场所，及时补充各种维生素和青饲料，并在地上洒水降温，防止此病的发生。

3. 螨害

在7~9月份易发生螨害，饵料带螨卵是螨害发生的主要原因。黄粉虫饵料在夏季要密封贮存，食料以米糠、麸皮、土杂粮面、粗玉米面为最好，先曝晒消毒后再投喂。另外一点也不能忽视，即掺在饵料中的果皮、蔬菜、野菜不能太湿了，因夏季气温太高易导致腐败变质。此外，还要及时清除虫粪、残食，保持饲养箱内的清洁和干燥。如果发现饲料带螨，可移至太阳下晒5～10分钟（饲料平摊开），即可杀灭螨虫。同时，还可用40%的三氯杀螨醇1 000倍液喷洒饲养场所，如墙角、饲养箱、喂虫器皿，或者直接喷洒在饲料上，杀螨效果可达95%以上。

● （七）黄粉虫的运输、使用和加工 ●

1. 运输

黄粉虫是活的昆虫，购买大幼虫，用没有孔洞的布袋装虫后把袋口扎紧；在20℃以上，1只袋装虫不得超过3千克，在途中要不断调转袋的位置，以防袋子一头的虫长期受压致死；夏季要趁早晚凉爽时上路，途中过夜或长时间休息，要将虫倒入光滑的盆或桶中，以免虫将布袋咬破。运成虫的方法与运幼虫相同。运蛹可用敞口容器，且应与虫灰混合。运卵则是把接卵纸连同其上物料包好，不漏即可。

2. 使用和加工方法

（1）使用。当黄粉虫长到2～3厘米时，除筛选留足良种外，其余均可作为饲料使用。使用时可直接将活虫投喂鸟和特种水产等动物，也可把黄粉虫磨成粉或浆后，拌入饲料中饲喂。

（2）加工。

①虫粉。将鲜虫放入锅内炒干或将鲜虫放入开水中煮死（1～2分钟）捞出，置通风处晒干，也可放入烘干室烘干，然后用粉碎机粉碎即为成虫粉。

②虫浆。把鲜虫直接放入磨浆机磨成虫浆，然后再将虫

浆拌入饲料中使用，或把虫浆与饲料混合后晒干，备用。

三、蝇蛆

蝇蛆（图2）是一种廉价、适口性好、转化率高、蛋白质含量丰富的动物性饲料，其营养比豆饼高1.3倍，尤其是必需氨基酸含量高。据营养分析，鲜蝇蛆中蛋白质含量15.6%，干蝇蛆粉含粗蛋白59%~63%、粗脂肪10%~20%，与进口秘鲁鱼粉相似，其中，赖氨酸含量为4.1%、蛋氨酸1.8%、色氨酸0.7%、氨基酸总含量占干物质重的52.2%。蝇蛆粉的每一种氨基酸含量都高于国产鱼粉，必需氨基酸总量是鱼粉的2.3倍，赖氨酸含量是鱼粉的2.6倍。此外，还含有生命活动所必需的铁、锌、铜、锰等17种微量元素。蝇蛆不但可烘干加工成蛆粉用作饲料，蛆粉也可完全代替鱼粉，而且在饲料中掺进适量的活体饲料，替代鱼粉生产配合饲料喂禽鸟、水貂、蝎子、对虾等特种经济动物，可使动物生长明显加快，增产显著。根据饲养试验，喂饲鲜蛆可使雏鸟生长发育加快；鸡饲料中掺11.3%蛆粉，可节约饲料40%，肉鸡增重12%；饲喂母鸡，能使其提早1个多月产蛋，喂鲜蛆1千克则多产蛋0.75千克，产蛋率提高10%~20%，喂蛆比喂鱼粉每只鸡每年多产蛋1~1.5千克；喂肉鸡增重率比鱼粉提高70%~139%，饲料报酬提高0.5%。据分析，家蝇蛹含有超过60%的蛋白质和10%~15%的脂肪以及16%~17%的氨基酸，包含足够数量的人类食物中所必需的成分和某些矿物质，其所具有的脂肪酸类型很似一些鱼油中的脂肪酸类型，经济效益较高。蝇蛹羽化后脱下的外壳还是较纯净的几丁质，是一种昂贵的重要精细化工产品。

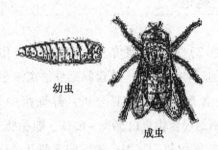

幼虫

成虫

图2　蝇蛆

● （一）育蛆房、育蛆池及种蝇房的建造 ●

育蛆房若为新建造，应选择向阳、通风、透光、远离居民区的房屋（简易平房或棚舍亦可），面积不少于30平方米，1/2的屋面采用透明材料，以利采光和低温季节升温。门窗及缝隙要用透明纱布封堵，以防止苍蝇飞出。在养蝇蛆房内1.8米高处设立由数条来回穿插的细绳织成的网状，以供苍蝇着落栖息。育蛆房四周设有小水沟用来防蚁和调节温度。育蛆房内挖4个深1米、宽1.7米、长2米的育蛆池，池的四周及底部用水泥粉刷。在池的四角安装鲜蛆分离诱导装置——收蛆桶（高30厘米、口径22厘米的塑料桶），桶口高出池地面3厘米，并用水泥抹严，桶边要紧靠池壁（相切），池壁直角用砖和水泥填充成半圆与桶壁上下成直线。

种蝇房内，种蝇房的门和窗要安装玻璃和纱窗，以利于控温。墙上安装风扇，以调节空气。房内设有加温设备（电炉），冬天温度要保持在20～32℃，相对湿度则要保持在

60%~80%。通道上设多层黑布帘，防止种蝇外逃。内设饲养架，分上、中、下三层。饲养架用铁条或木条做成。每层架上安置用尼龙纱布网制成的蝇笼，笼长40厘米、宽30厘米、高50厘米。一面留直径12~15厘米操作孔。为防止蝇飞出，连接长30厘米的套袖，以便于加料、加水和采卵。每个笼内配有一个小水盆，3~4个料盆，1个产卵缸，一个羽化缸。

● （二）蝇蛆的饲料●

育蛆时鲜猪粪、鸡粪可直接用来做蝇蛆养料，还可在猪、鸡粪中添加一定数量的麦麸、米糠、猪血或屠宰场下脚料，以增加养料的通气性，含水量则要控制在小于70%，这样鲜蛆的产量会大大提高。

● （三）饲养管理●

制好的饵料的 pH 值调至 6.5~7，以每平方米放 50 千克计算，把饵料放入育蛆池，铺平后每平方米接种一个蝇笼内一天所产的卵，撒放均匀。同时把饵料温度控制在 25℃左右。经 8~12 小时蝇卵开始孵化，经过 4~5 天，变成带黄色的老熟幼虫时收集利用。鲜蛆的产量要视粪便的种类及气候因素而定，用全价配合饲料喂的猪粪和鸡粪每 100 千克可产鲜蛆 30~50 千克，当然鲜蛆产量还受天气因素影响，若阴雨天或气温较低，则达不到预计产量或没有产量，规模较大者可采用恒温大棚养殖。

● （四）繁殖方法●

种蝇的来源是将含水 10% 的培养基（蝇蛆培养基，即猪粪）放入羽化缸，然后再把待蛹化的蛆放入，化蛹后要用0.07%的高锰酸钾水浸泡10分钟杀菌，成蝇后就成了无菌苍蝇，挑个大饱满的置入种蝇笼内，让其羽化成种蝇。

种蝇的饵料：成蝇的饵料初次用5%的奶粉和红糖各一半配制，每只每天用料1毫克，等到产出蛆后用蝇蛆糊（将蛆用绞肉机绞碎）95克、啤酒酵母5克、蛋氨酸90毫克加水155毫升配成种蝇饵料。蝇蛆羽化到5%以后开始投食。饵料放在有纱布垫底的料盆中，让成蝇站立在纱布上吸食。水盆倒入水并放入一块海绵，饵料和水可隔天加一次。产卵盆内放入猪粪，引诱雌蝇集中产卵，每天接卵1次，最后送到育蛆房育蛆。种蝇产卵以每天上午8时到下午3时数量最多。取卵时间定在傍晚。每批种蝇饲养23天即行淘汰，用热水或蒸汽将其杀死，然后重新换上一批。换批时蝇笼和养殖用具用开水烫洗或用来苏尔水浸泡消毒后再用。

● （五）蝇蛆的收集与应用 ●

利用蝇蛆怕光的特点进行收集。用粪扒在育蛆池饵料表层不断地扒动，蝇蛆便往下钻，把表层粪料取走。如此反复多次，最后剩下少量粪料和大量蝇蛆。用16目孔径的筛子振荡分离，每天早晚从收蛆桶中各取蛆1次，但每天都要留少量蛆放在1个盆中让它们化蛹变蝇，以补充种蝇的数量。分离出的蝇蛆无病原处理后用清水洗净即可以直接用来喂养鸟和部分鱼类，只需补充适量粗饲料和青饲料即可，肉用鸟育肥期需将蛆虫拌以玉米面、麦麸或碎米等植物性精饲料，停喂青饲料，并加0.5%食盐少许，以提高饲料的利用率；也可在200~250℃条件下烘烤15~20分钟，烘干加工成蛆粉贮存

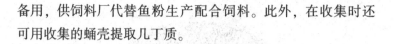

备用，供饲料厂代替鱼粉生产配合饲料。此外，在收集时还可用收集的蛹壳提取几丁质。

四、鼠妇

鼠妇俗称"潮虫"，属于甲壳纲、等足目、潮虫科（平甲科）的昆虫。根据测定表明，鼠妇体内蛋白质和氨基酸含量较低，但胱氨酸含量较高。鼠妇是养蝎的优质活饵。胱氨酸是蜕皮所不可缺少的物质，尤其对蝎子的蜕皮有利。在人工饲养蝎子时，除投喂黄粉虫外，还可适量投喂一些鼠妇。但由于鼠妇的营养成分中，蛋白质和氨基酸的含量较低，如果单用鼠妇喂蝎，蝎不能正常发育，所以，鼠妇要配合活饵如黑粉虫及其他食料使用以促进蝎子的蜕皮。

● （一）形态特征 ●

鼠妇的成虫体长约1厘米，呈长椭圆形，背腹扁平，背部呈现显著的弓形。背部体色为灰褐色，有时局部带黄色，并具有光亮斑点。第1对触角短小，第2对触角较长。胸部有7节，第1、第2胸节的后侧板较第3～第7节的尖锐。有7对较长大小相等的胸足在胸部7个体节上，故名等足类。7对胸肢适于爬行。腹部有5节，第1、第2腹节窄，第3～第5腹节的侧缘与尾节后缘连成半圆形。腹肢有5对，尾肢扁平，外肢与尾节嵌合齐平，内肢细小，被尾节掩盖。最后为尾节，呈三角形（见图3）。

● （二）生活习性 ●

鼠妇在自然界中的数量较多，常群居生活于陆地阴暗潮

图3　鼠妇

湿处。视觉不甚发达，当受到刺激或触动蜷曲成球状。怕强光刺激，负趋光性，白天多潜伏在潮湿的朽木、腐叶、石块、缸盆瓦片、木板等底下或隙缝或地窖里，夜间爬出觅食，其爬行敏捷，攀爬能力很强。适宜鼠妇生长发育的最适温度为25~28℃，适宜相对湿度为95%左右。在相对湿度为60%的空气中或干燥高温下很快死亡。每年11月中旬以后气温下降时冬眠，至翌年清明前后起蛰。鼠妇为杂食性动物。其食性很杂，各种动物、昆虫尸体、粮食、面粉、粮油加工剩余的副产品、杂草、植物烂叶、各种块根块茎及腐烂变质的食物等都是鼠妇的食料。鼠妇每年春季开始繁殖，产卵于步足之间，待卵孵化后，幼虫仍在母体内的步足之间受到保护，生长到能独立生活后才离开母体分散活动。

● （三） 饲养与管理●

应根据鼠妇适宜潮湿、黑暗、温暖的生活环境的生活习性建造养虫室，提供充足的食物，并注意防治疾病与天敌动物的危害。鼠妇的饲养方法与黄粉虫大同小异，所不同的是鼠妇不像黄粉虫那样耐干燥，对温度和湿度有严格要求。虽然鼠妇喜欢群居，但在人工饲养时密度不宜过大，否则带卵或带幼虫的母体受到干扰会过早的将卵或幼子甩掉而造成减产。

五、蚯蚓

蚯蚓属于环节动物门、寡毛纲、巨蚓科的动物，俗称曲蟮。蚯蚓是一种分布广、食性杂、繁殖力强、富含动物蛋白、养殖成本低的养殖业饲料，可作为多种鸟类、水生动物的蛋白饲料。如我国太湖红蚯蚓（由日本赤子爱胜蚓改良品种），其干体含粗蛋白 56.4%，脂肪 7.8%、碳水化合物 14.2%。蚯蚓体含的赖氨酸、蛋氨酸、色氨酸等动物必需的氨基酸齐全，并含维生素 B_1、维生素 B_2、锰和铁、锌、钙、磷等微量元素，是特种养殖动物的优质饵料，如果在饲料中适量添加蚯蚓，可促使禽鸟生长发育和产蛋，并使食用动物的肉质变得鲜美。干燥蚯蚓体可入药，中药名"地龙"。中医认为，蚯蚓性寒、味咸，具有解热、镇痉、活络、平喘、降压和利尿等作用。

蚯蚓喜食腐殖质，能净化环境，可以疏松土壤、改进团粒结构，将酸性、碱性土壤改良为近于中性的土壤，增加土壤中钙、磷等速效养分；可以促进土壤中硝化细菌等的活动，并保持土壤的湿润。同时，蚯蚓可以提高土壤肥力，增加作物产量，其排泄物中含可培肥土壤的营养元素和腐殖质，能在根系附近释放植物生长所需的营养物质，还可以改变土壤的物理结构，帮助根系吸收营养。另外，蚯蚓适应性强、易饲养、生长快、食性广、饲料利用率高、抗病力强、繁殖快、产量高，饲养成本低，是一种投资少、收益大的养殖品种。

● （一）形态特征 ●

蚯蚓的种类很多，有 2 700 余种，中国有 160 多种。我国最常见的是巨蚓科的环毛蚓，主要特征是身体呈长圆柱形，常见品种体长达 20 厘米左右，由多数环节组成，自第 2 节起每节环生刚毛。头部包括口前叶和围口节 2 部分。围口节腹侧有口，上覆肉质叶（即口前叶）。蚯蚓没有眼、鼻、耳，靠蚓体表面许多感觉细胞来分辨光亮与黑暗。生殖带环状，生于第 14~16 节。有雄性生殖孔 1 对，在第 18 节上，雌性生殖孔 1 个，在第 14 节上，受精囊孔 3 对。没有大肾管，有多数小肾管（图 4）。

受精囊孔

雌孔

雄孔

图 4　蚯蚓

人工养殖、用作蛋白饲料的蚯蚓品种不少，除选养环毛蚓以外，还可选养背暗异唇蚓、绿色异唇蚓。日本良种大平 2 号、北星 2 号蚯蚓和我国的赤子爱胜蚓等个体大、肉质好、蛋白质含量高，食性广、适应性强、定居性好、易饲养、生长周期短、繁殖快、产量高，采用人工养殖技术，每平方米可年产蚯蚓 30 千克以上。

● (二) 生活习性●

蚯蚓喜食土壤中的腐殖质，适于生活在田园、草地等温暖、湿润、疏松、有机质丰富的中性土壤中。栖息深度一般在土壤上层，为 10~20 厘米，昼伏夜出，以腐烂的落叶、枯草、蔬菜碎屑等为食。蚯蚓怕光、喜温、喜湿和安静的环境，对噪声和震动、触动特别敏感。蚯蚓生长的适宜温度为 15~25℃，高于 35℃ 或低于 5℃ 时生长繁殖受到抑制。超过 40℃ 和低于 0℃ 蚯蚓会死亡。蚯蚓要求相对湿度为 60%~80%，人工养殖蚯蚓培养基适宜含水量为 35%~55%。

蚯蚓为雌雄同体，异体受精。交配时间约 2 小时，多在晚上进行。交配后 7 天左右卵即成熟，落入蚓茧中，精子也从受精囊中逸出与卵结合。每个蚓茧中多含 1~3 个胚胎，在 18~25℃ 条件，幼体在 2~3 周内离开蚓茧，再经 50 天左右的生长过程即可达到成熟，出现生育环。条件适宜时，蚯蚓每 3~5 天可产卵 1 粒，并可持续 7~8 个月。

● (三) 建池与放养●

蚯蚓对养殖场地要求不高，养殖的选址、养殖方式多样，可根据培养规模的大小因地制宜，室外和室内均可筑建，农村可以利用边角闲地，也可以建造较大规模的大棚。一般宜选择粪料丰富、向阳通风、取水排水方便、易于管理的地方。室外养殖有棚式、水泥池和树林中养殖等方式。一般采取在室内外用砖建水泥池，池高 40 厘米，池长宽任意。为防蚯蚓逃走，池底可铺水泥或将池底泥土夯实。池底稍倾斜，以便排水。室内温度控制在 15~30℃，夏季要防水、防晒，冬季要有保温设施。蚯蚓繁殖以 15～25℃ 最为适宜。池内要求放些潮湿肥土，湿度控制在 40%（手捏成团，指间出水），酸碱度调节到 pH 值为 7。蚯蚓池底按 1 米见方施放加入肥沃疏松土壤的牛粪 100 千克，牛粪表面铺 8 厘米厚的青草、瓜皮或水果残渣等，能掺入适量的酒糟则更好。经常洒水使培养料的相对湿度维持在 80% 左右。将蚯蚓先放置在发酵过的熟土内，然后将熟土和蚯蚓轻轻放入牛粪内，每平方米 2 000条。种蚓每平方米可放养 1 000～2 000 条；种蚓产卵孵出的幼蚓为繁殖蚓，每平方米可放养 3 000～5 000 条；繁殖蚓产卵孵出的为生产蚓，每平方米放养 2 万～3 万条。

小规模养殖蚯蚓可利用废物箱改作养殖箱，不论何种材料制成的养殖箱，四周和底部应占全部箱壁面积的 15%～40% 的部分有通气孔，气孔直径 7～10 毫米，以防蚯蚓从通气孔钻出。养殖箱内投放饵料厚度以 20 厘米左右为宜，在饵料上方需留 5 厘米空间。箱上加盖草席或塑料薄膜以保持相对湿度和温度。为了扩展养殖规模可将养殖箱多层堆垒进行立体养殖。养殖箱之间隔不能少于 5 厘米，以利通风和箱内蚯蚓的生长繁殖。

● （四）饲养管理 ●

池底先铺 5 厘米厚的菜园土，再放入 10～20 厘米厚的已发酵好的培养料，洒水，使含水量达 50%～60% 左右（以渗水为宜）。用 1 条直径约 2 厘米的木棍在培养料插戳，留下插孔（每平方米 5～6 个），以利通风散热。土要经常疏松通气。如果蚯蚓池内的土壤肥质差，池内可放 15 厘米厚的粪草混合饲料（60% 腐热的畜禽粪加 40% 稻草或玉米秆）进行喂养，如单纯饲养则以牛粪最佳，鸡粪次之。蚯蚓的食性广，以食大量纤维素有机质为最好。在人工饲养中，应根据情况随时添加一些烂叶、瓜果等有机垃圾，无论添加何种饲料，都必须充分发酵，其标准为色泽呈黑褐色，无异味、略有土香味，质地松软不黏滞。据报道，可用造纸污泥或其他产业废物作饲料，其中，掺入一定比例的稻草和牛粪，制成堆肥，或掺进活性糟泥（40%）或木屑（20%）。为了达到良好的饲养效果。饲料的酸碱度以中性为佳，过碱可用磷酸二氢铵调整，过酸可用2%石灰水或清水冲洗调整。同时要控制蚯蚓池内基料含水分在30%～50%（手捏蚓粪指缝有滴水约为含水40%）。夏季每天下午浇水1次，凉爽期3～5天浇1次水，低温期10～20天浇1次水。经常洒水保潮湿。

蚯蚓生活史分繁殖期、卵茧期、幼蚓期和成蚓期。应根据不同时期的需要，进行饲喂和调整密度，清理蚓粪。蚯蚓有夜间逃跑的习性，尤其是饲料不足、发酵不完全、淋水过多、湿度过高或过低、放养密度过大时，都会导致蚯蚓逃跑。防逃可采取夜间设灯照明或是完全保持黑暗，并改善生长条件。蚯蚓的养殖比较粗放，对环境要求不是十分严格，生长过程中很少发生病害，但要注意防止敌害侵入土壤摄食，吞食卵茧危害蚯蚓。蚯蚓天敌主要是鼠、蛇、青蛙。鼠喜食蚯蚓卵包，危害尤其严重，堵塞鼠洞和加盖可以有效地防止鼠的危害。危害蚯蚓的害虫有蜈蚣、蚂蟥、蝼蛄、蛞蝓等，它们平时潜伏在阴暗潮湿处，夜晚出来活动，捕食蚯蚓。可在晚上9～10时进行人工捕捉。最好在蚓床周围拦上密网，并在网外围每70厘米放置1包蚂蚁药，使药味慢慢散出。用

1.3%氯杀螨醇喷杀，可防蚂蚁、寄生蝇、蜈蚣、蝼蛄、蛇、鼠、青蛙等对蚯蚓的敌害。但也要注意杀虫剂对蚯蚓的危害。

● （五）自然繁殖 ●

小蚯蚓养至35日龄时成熟，蚯蚓为雌雄同体，异体交尾。成熟的蚯蚓在一般条件下，除了严寒和酷暑干旱恶劣环境之外均可繁殖，以平均气温20℃时为宜。性成熟蚯蚓交配时，2条蚯蚓互相倒抱，副性腺分泌黏液，使双方腹面黏住。交尾时，精液各自从雄生殖孔排出，输入到对方的受精囊至盲管中贮藏，交换精液后分开。交配进行12小时，交配后7天便能产卵，每7~10天产卵1次，卵产于茧中，每茧含卵3个，经20天以后从卵囊中生长出小蚯蚓。为防止卵包因日晒脱水死亡，可在培养料表面再铺一层厚约1厘米的菜园土，以遮盖住卵包。夏天因阳光照射，培养料容易失水干燥变硬，影响卵包的胚胎发育，故应经常及时洒水，以保证发育所需的湿度。洒水时间应安排在清晨或傍晚，以免卵包因温度的突变而影响其胚胎发育。小蚯蚓生长38天便能繁殖，全生育期为60天左右，要勤添蚯蚓最喜食的牛粪等饵料，促进其吃食，使其生长快、产卵多，提高孵化率和成活率。刚孵出的小蚯蚓呈乳白色，2~3天后变为桃红色，长到1厘米时变为红色。

● （六）采收与利用 ●

当蚯蚓饲养90~120天后，大部分蚓体重可达到400~600毫克。放养密度超过5 000条/立方米时，可取大量成蚯蚓供用（这样同时有利于调节养殖密度），或将成蚯蚓的个体取出饲用。若不及时采收，就会出现大蚯蚓萎缩，产卵停止，卵包被蚯蚓争食的现象。收取成蚯蚓的方法很多，较常用的方法是用锄头或铲等器具翻土、竹筛过土或将粪料挖出抖松，把含蚯蚓较多的团块放在塑料薄膜上，待蚯蚓自行爬至塑料薄膜处时，将上层的粪料再放回培养池中，并将塑料薄膜上较小的蚯蚓拾回粪料中继续培养，采收的同时可将蚓粪清除。此外，也可将容器埋设在蚓粪堆上引诱蚯蚓，使其聚集于容器中，容器埋入蚓粪后，约 5~8 天采集 1 次，一般可以采集 7~10 次。捕捉的蚯蚓晒干后可销售饲用。若捕捉的蚯蚓要进行加工药用时，应先用温水泡洗去其黏液，再拌入草木灰中呛死，之后去灰，随即用剪刀剖开，用温水洗去内含的泥土，贴在竹席或木板上摊开晒干；如遇阴雨天应及时烘干。一般 6 000 克鲜蚯蚓可晒干品 1 000 克。

第三章　笼养鸟驯养与繁殖

第一节　鹦鹉驯养技法

一、绯胸鹦鹉驯养技法

鹦鹉俗称鹦哥，分类属于鸟纲，鹦形目、鹦鹉科。其种类繁多，我国四川、云南、广西壮族自治区和西藏自治区等地区产的绯胸鹦鹉是驰名中外的最名贵的观赏鸟。

●（一）观赏和经济价值●

鹦鹉体态秀丽多姿，羽色彩艳，性情温顺，并且鸣叫声嘹亮、婉转动听，尤其是舌多肉厚而柔软，能模仿其他鸟类叫声、经常驯养调教训练，善模仿简单的人语。鹦鹉依赖于中枢神经系统的统一调节，凭着气管分叉处的发音器官（鸣管）随附有的"鸣肌"的收缩作用而发出各种音色的声音，却没有语言的意思。鹦鹉不畏人与人之间亲近，常站在人的肩头敢到人的手上取食。鹦鹉有攀爬的本能和能掌握平衡的习性，所以，经过训练也能表演一些技艺如衔物、叼钱币、爬绳、爬梯子、翻跟头、跳舞等节目。能给人们增添乐趣，使生活更加丰富多彩，还可调节精神，美化环境，有益于健康，为大自然增添了生机和诗情画意。唐代朱鹄有首《鹦鹉》诗，诗曰："白色还应及雪衣，嘴红毛绿语为奇。年年锁在金笼里，何以陇山闻处飞。"形容白鹦鹉白得一尘不染如雪一样洁白，还有红嘴绿鹦鹉的叫声更为出奇。远在两千多年前就被人们所熟知，被作为笼养鸣禽。鹦鹉容易驯养，每天清晨，人们提着鸟笼走向公园或原野森林，一边锻炼身体一边听鸟叫，使人心旷神怡，更有利于身体健康。鹦鹉类的鸣声和技艺是长期建立起来的一种"条件反射"，须反复训练，强化与巩固条件反射，如果长时间不练习这种条件反射就会遗忘。

鹦鹉的羽色多样，光彩艳丽，可作装饰工艺品。除作观赏用以外，其鸟肉可以作为药用和食用。据分析，此鸟肉含有蛋白质、肽类、氨基酸、糖类、脂类、甾类等，有滋补功能。主治虚弱咳嗽。

捕获鹦鹉作为笼养鸟进行人工驯养，既可保护资源，有观赏价值，又能增加经济效益。

● （二）形态特征●

绯胸鹦鹉体长30~33厘米，体重约150克，羽色和嘴都很艳丽，常见上绿下红。头圆，喙粗壮上嘴边缘膨大，下嘴短，嘴峰向下而钩曲，上喙弯曲，基部具蜡膜，外观似鹰和鸮类，上喙跟头盖骨由可动关节相连，故鹦鹉喙能稍向上张开，这是其他鸟所没有的。成年雄鸟额基至两眼有一黑纹，上嘴红色、下嘴褐色，头顶蓝灰色，自额至眼；自下喙基部有一宽阔黑带斜伸至颈侧；面颊绿色，颈及上体艳绿色，两翼内侧复羽金黄色。雌鸟头蓝紫灰，沾染零星的草绿色，眼先和眼周草绿色更显。后颈、背和肩以至尾羽呈草绿色；喉和胸部为朱红色而带灰蓝色（雌鸟橙红而无灰蓝色）上背还沾黄色；两翅内侧复羽金黄带绿，其余多为绿色，外侧飞羽的外缘略带黄色，最外侧飞羽黑褐色；腹部浅淡沾蓝。两侧沾绿，羽端沾黄。肛周和尾下覆羽黄绿。尾羽长楔形，中央尾羽比外侧部分长。足呈对趾型，第4趾能前后反转，趾端锐爪（图5），利于攀援树枝。

图5 绯胸鹦鹉

● （三） 生活习性 ●

鹦鹉产于热带以及亚热带地区，野生种类生活于山麓茂密常绿阔叶林中，常结群飞翔活动，一般有10多只结群至山脚、平原、河谷及村庄附近活动觅食，叫声粗犷洪亮，此呼彼应。鹦鹉为攀禽觅食于灌丛或大树上，一旦受惊，常做迅速的弧形飞行。主要食浆果，各种植物果实、种子和嫩枝及幼芽为主，其善于剥开果壳，也食稻谷，常对农林业造成危害。此鸟性情温顺，易于驯养。冬季多结群。

绯胸鹦鹉繁殖时多营巢产卵于树洞或岩洞中，每年5月开始产卵孵化。卵纯白色，每窝产卵3～4枚、两性孵化，孵化期25天左右，两性育雏，幼鸟为晚成鸟。广布于世界热带及亚热带地区，如美洲、澳大利亚和我国南部近热带地区如云南、广西壮族自治区、广东及海南省等地。

●（四）笼具●

鹦鹉嘴尖，强有力，能咬啃木质。因此，鹦鹉笼用圆铜丝或粗铁丝制成。笼的形状有圆形、方形、铸钟形、屋脊形等多种。笼底条状有缝隙，粪便可直接漏下，下有接粪板。笼内设置一根木质栖棍，并放置由铜制或其他金属制成的食槽、水槽各1个。若养大型鹦鹉可使用鹦鹉架进行架养，可避免羽毛折损。

●（五）饲养管理●

驯养鹦鹉多为雄鹦鹉，因为雄鹦鹉比雌鹦鹉灵活善鸣，学舌能力强，且羽色艳丽，而雌鹦鹉很少学舌。雏鸟因不能自己采食，需要人用手轻轻的掰开鸟嘴填塞嫩玉米面及少许熟蛋黄等混合软料入食道。有时可少量喂给淡奶粉水，雏鸟喂食宜少量多餐。饲养育成鹦鹉主要是饲喂配方混合料，以玉米、花生米、高粱、小麦及一些谷子等农作物为主料，搭配喂给水果或青菜。由于鹦鹉食玉米仅喜食吃玉米芽，因此，饲养前须将玉米浸入冷水中浸泡3小时，使其膨胀软化后再滤去水和除去玉米外皮。此外，添加葵花籽、麻籽和花生，少许熟蛋黄可促进营养成分平衡。最好在1周内还要喂给3个去壳的核桃仁（冬季保持3～5个核桃仁），以增加能量，增强体质，核桃利于鹦鹉磨嘴、保持羽毛光泽。为了换羽的需要和防止发生食羽癖，还应在日粮中给予少量的骨粉等矿物质饲料，但应注意切勿喂给食盐，因鹦鹉对食盐较敏感，否则容易中毒死亡。绯胸鹦鹉繁殖期应适当增喂蛋玉米、蛋小米等催情饲料。

● （六）调教和训鸟方法 ●

1. 训练学舌方法

绯胸鹦鹉舌头圆球形，器官下部有 3 对筋肉，由于它的嘴舌、气管的构造特别加之模仿能力强，因此，它善于学人语，小鹦鹉比大鹦鹉易学舌，所以在齐毛期的雏鸟或在第 1 次换羽以后进行开始训舌，驯养学舌鹦鹉我国已有两千多年历史，劳动人民积累了不少饲养管理方法。选择其舌形似人手指头的圆形，比较容易训舌，鸣声清脆婉转的雄鸟训练学舌调教它"说话"。驯鸟说话训舌应选每天早上鸟空腹进行调教效果较佳，因为鹦鹉在早上运动精力旺盛，鸣叫声也特别洪亮，而中午常因日光强烈照射和气温较高，使鹦鹉的精神状况较差，不愿活动，喜欢睡觉；到了下午虽然鹦鹉的精神状况比中午好，但还比不上早上的调教效果。因为鸟的鸣叫以清晨最为活跃，这时鸟尚未饱食，调教效果较好。调教的环境要安静，不能有嘈杂声，干扰要少。否则，易分散鸟的注意力，影响鸟学到应该学的声音。调教训练鹦鹉时将鹦鹉挂在安静的树林内，轻轻左右摇晃挂架，使它形成摇晃时说话的条件反射，并把它的注意力引向模仿人语。主人面对着鸟，每次只发出讲简单人的语词如"你好""欢迎""再见"等，鹦鹉听到主人发出的声音后做出模仿反应。在调教中要在喂食时以食物为刺激信号教它说话的内容，但每教一句简短清楚容易发音的字句，要立刻喂给一点喜食的食料，学的好多给鼓励性食料，最好先亮出食料并用固定信号，如手势、拍手、招手等强化、反复训练后，及时奖给食物，逐渐就能形成条件反射，这样鸟儿就养成好"好学"习惯，同时调教时间要固定。每学一句短语的过程中，要多次重复直到学会并巩固，再学第二句。调教要耐心，循循善诱逐步进行，经调教训舌，会讲出成套话来。一只好的鹦鹉可以说出几十套话。对已经教会说话的鸟，平时要经常逗引它以巩固成绩。

2. 训练动作表演

鹦鹉机灵敏感，性情温顺，不怕人，经过调教训练，它不仅学舌模仿人语，而且调节训练它技艺，开始可教它做简单的动作，如利用它有攀爬的本能和能掌握平衡的习性用一只脚站立，另一只脚抓住食物啃咬，它当抬脚时就喂给它喜食的食料，并用声音作为信号（如说"行礼"等），通过多次调教形成条件反射，待其行礼动作初步学会后不断强化训练，逐渐再利用不同的信号教它"点头""握手"等简单动作，重复上述方法进行调教形成条件反射，再强化训练即可进行简单的技艺表演。

● （七）繁殖技术 ●

鹦鹉的雌雄鉴别：一般大多数以头颈部羽毛着生情况区分。雄鸟头顶蓝灰色，雄鹦鹉上嘴珊瑚红色，下嘴黑褐色；下颌处有两块比蚕豆大的黑羽毛，喙壳在 1 岁以前呈黑色之后，此喙尖变为腊黄色。而雌鹦鹉头部较蓝，喉和胸部橙红色，上下嘴均黑色，颈部有一圈白羽色，喙壳为黑色，喉和胸橙红色。

我国的绯胸鹦鹉在每年 5 月，营巢树洞，每窝产卵 2～4 枚。卵纯白色，两性孵化。约经 25 天左右孵化出雏。雏鸟经亲鸟饲喂25 天左右离巢，幼鸟独立吃食后还需要 7 个月才达性成熟。

二、虎皮鹦鹉驯养与繁殖

虎皮鹦鹉通称"阿苏儿"，又名姣凤鸟、彩凤、五色小鹦鹉等。分类属于鸟纲、鹦形目、鹦鹉科的一种小型观赏鸟。原产澳大利亚东南部，经人工饲养培育出各种不同羽色的新品种。目前，已成为世界各地人们很喜爱的笼养观赏鸟。

● （一）赏玩和经济价值 ●

虎皮鹦鹉历来是人们喜爱的一种小巧笼养观赏鸟，鸣声虽不悦耳动听，但它的体形娇秀玲珑，姿态优美，不畏人，动作活泼，羽色光彩艳丽，有一对光彩漂亮的长尾，雌雄鸟成对生活，相伴成侣，形影不离，常相互用喙勾着帮助行动，故又名"长尾恋爱鸟"，喜粗饲，耐寒暑易繁殖，可以成对成群饲养，在笼中总是终日喋喋不休、絮絮多语，尤其是群养时叽叽喳喳、窃窃私语给人生活增添情趣。适宜于初养者成对或成群饲养，只要养鸟者精心喂养管理，自小驯养的小鹦鹉，可以无拘无束地停在人的手上擎着玩或肩上玩耍，活泼可爱。如果把它放回鸟笼，就可产卵繁殖出虎皮鹦鹉来。我国每年都有大量出口，国际市场供不应求。国内城乡养鸟爱好者饲养虎皮鹦鹉的人越来越多。虎皮鹦鹉性情温顺，易驯养，饲养简单，养殖此鸟可获取可观的经济收入。

● （二）形态特征 ●

虎皮鹦鹉体长 18～20 厘米，身体纤巧，头顶圆平，嘴壳强大并有钩曲，嘴基部有蜡膜。有一对漂亮的长尾，呈楔形。体羽色彩艳丽，原种鸟主体色为黄绿色。前额至头上、前额部为黄色，颈、肩羽有黄色掺有波浪形黑色羽纹，从头颈部开始至身体大部分黑色，羽纹由细渐粗。因头部双颊有蓝色条纹斑、体被虎纹样花纹，故名虎皮鹦鹉。

由于长期人工饲养的头部和背部黄色而有黑横纹，颊部有蓝黑色圆斑。腰胸及腹部为绿色。尾羽黄色而中央一对天蓝色。经人工培育羽色艳丽、变化较多的与原种不同的颜色品种，主要有黄、绿、天蓝、深蓝、白等色。浅色型上体黄白色，下体绿色，另一种上体白色，下体蓝色；玉头型头白色，体浅蓝色；另一种头黄色，体绿色；还有白化型全身洁白，翼上有黑点等颜色。在每一羽毛的近端有一黑斑，因此使全身布满黑色条纹，犹如虎皮（图6）。雄鸟与雌鸟体色基本相同，但在鼻孔周围的蜡膜的颜色不同。雄鸟上嘴基部蜡膜呈蓝色，雌鸟蜡膜呈白黄色或褐黄色，但雌性幼鸟蜡膜呈浅蓝色，头圆，嘴强大，上喙弯曲呈钩状，喙基部有蜡膜。下喙常上下或左右移动。腿短，对趾型适于在树枝上攀援。

图6 虎皮鹦鹉

● **（三）生活习性** ●

虎皮鹦鹉原产澳大利亚，野生为大群居生活，对气候变化适应性强。多营巢于树洞，性情温顺，不怕人，多为相伴成侣活动。食物以谷类和植物种子，浆果为主。虎皮鹦鹉繁殖力较强，每年繁殖于树洞中，是以树洞为巢的典型鸟类，在繁殖期有恋对行为。一般每年能繁殖 2～3 窝，每次可产卵 3～5 枚，以雌鸟孵化为主，孵化期为 18～20 天。雏鸟由成鸟喂养，1 个月后幼鸟羽毛长齐离巢独立取食。

● （四）笼具●

虎皮鹦鹉嘴质坚硬而有力，喜咬啃笼具，且足趾与嘴配合攀援灵活，很善于拆毁笼舍，因此，喂养虎皮鹦鹉需用方形铁丝笼，笼底用铁皮制成抽屉式，便于抽出清扫粪和喂食的残渣。笼的网眼大小以鸟不能外逃为宜。也可制成高度、直径均为 33 厘米的圆形铁丝笼，笼栅间距为 2 厘米，饲养中小型鹦鹉。饮食用具要坚固且固定，多选用口小肚大的深形鸟食缸和饮水小瓷杯。喂养虎皮鹦鹉的笼具内还需设置供鸟洗浴缸，供其攀越的栖架、栖木和小型吊环等玩耍设备。笼内地面垫上细沙，供作沙浴和取食沙粒。亲鸟繁殖期应制成较大的繁殖笼舍，巢箱制作要精细，暗室不透光，巢底挖 1 个凹穴供亲鸟做窝。

● （五）饲养管理●

饲养虎皮鹦鹉应选养羽毛完整、眼圆大而有神、肢无残缺、发育正常的个体，雄鸟应选头颈粗、嘴夹完整、腿粗壮、无畸形，饲养在室内通风条件良好，光线充足安静处，日常饲料主要是带壳的种子，可喂谷子、小米、玉米、稗草籽、白苏籽、小麻籽、葵花籽的混合粒料。冬季可稍增喂一些含脂肪量高的饲料，但夏季应减少高脂肪饲料，增喂青饲料和水果。应注意控制脂肪含量高的白苏籽、葵花籽等，以防发生脂肪过多的病症。瘦弱鸟尤其亲鸟在繁殖和育雏期应当加喂适量蛋米，以黄粉虫为主，并供给足量的青绿饲料或苹果，还需要在笼内投喂一些沙砾、熟石灰或蛋壳贝壳粉，鸟蛋壳类等钙质饲料，对太肥的鸟可减少喂蛋米和黄粉虫饲料，多喂一些蔬菜等。虎皮鹦鹉换羽期，日常饲料中应增喂一些带有色素的饲料，如熟蛋黄、胡萝卜、甜红椒等。此外要给其取食沙粒，并供给有足量的清洁饮水。

虎皮鹦鹉管理工作主要是及时加食料和换水，清除笼内污垢，尤其在繁殖季节，因产蛋量大，需要补充鸟钙质饲料，以保证繁殖和育雏成功。

虎皮鹦鹉夏季和冬季雌雄鸟应分开饲养，使之休产。雏鸟离开亲鸟入笼最初几天内应注意保暖；饲养环境温度不低于5℃，北方冬季气温低，可将笼鸟放在室内防止寒风和雨淋，冬季应在室内5～10℃越冬，注意保暖，防止受凉而引起拉稀或感冒。管理工作主要是及时加食料和换水，每天可换1～2次，要做到水、食洁净，保证不断、勤添勤换。换食前把谷壳去掉，并将剩料取出后再添新料。每天要注意清除笼内的污垢，保持清洁。虎皮鹦鹉在繁殖期间要求做到恒温，夜间要尽量使饲养环境保持温度不低于10℃。光线充足，空气流通外，还要注意孵化期保持安静。饲养虎皮鹦鹉发现它的鸟喙、趾爪太长时，可用剪刀稍剪短，以免引起出血，如出血难止，可用点燃的香在伤口上灼一下可起止血和消毒作用。

● （六）繁殖技术 ●

1. 选种和雌雄鉴别

要选择1年左右，体格健壮，性情温顺的鸟做种鸟。每巢饲养 1 对幼鸟，鉴别雌雄不难区分，2 个月即能依雄鸟与雌鸟外部特征区分，其主要特征是看鼻子孔周围的蜡膜颜色不同，雄鸟蜡膜呈青蓝色，雌鸟蜡膜呈肉色。

2. 要建鸟巢

繁殖前饲养者可在较大的鸟笼里放置一只用薄木板做成的长宽各 18 厘米，高 20 厘米的巢箱。巢箱前方木板的中断挖一个直径约 5 厘米的圆孔，以便让鸟自由出入，巢箱的里面不必刨光，特别是巢箱的底板更应该粗糙，巢箱内设有食缸和饮水缸垫少许干草即成。也可用碗口粗（约 15 厘米）的一节竹筒（或用木盒），两端仍利用原来的竹节，打通一头，横挂在笼内，并在笼内放些棉絮、羽毛片等营巢材料，到时候鸟自会衔进竹筒内做窝。小鸟孵化出来后，给食槽添些熟鸡蛋黄及软质食料。

3. 繁殖方法

虎皮鹦鹉属早熟鸟，雏鸟出壳后 5 ~ 8 个月发育成为成鸟，性成熟，可以配对繁殖。虎皮鹦鹉繁殖种鸟间应避免近亲交配，防止后代退化。虎皮鹦鹉几乎常年均可繁殖，雌雄鸟恋对表现为互相亲近、接吻，并梳理羽毛，此时应喂小米饲料促进其发情。蛋小米以浓蛋为好。在繁殖笼内放些营巢材料，任亲鸟衔叼铺巢。雌鸟交配后进入巢箱产卵。在此期间，雌鸟不会离巢，由雄鸟喂食。雌鸟每天或隔 1 天产卵 1 枚。雌鸟每窝产蛋 3 ~ 8 枚，每年可产 2 ~ 3 窝，繁殖期常以雌鸟孵化为主。雌鸟在坐巢孵化期间对外界干扰较为敏感，受惊吓便离巢而去。孵化期 16 ~ 20 天出雏，出壳后经 15 天绒羽长齐，并开始生长正羽，本身具有抗寒保暖能力。雏鸟由成鸟喂养 1 月后羽毛长齐离巢、独立取食，如饲养得当，2~3 个月即可循环 1 次，人工繁殖虎皮鹦鹉须做好产后服务，巢箱须经常打扫卫生和消毒。虎皮鹦鹉为晚成鸟，雏鸟在 25 天内自己不能找食，全靠雌鸟和雄鸟喂养，有的雄鸟不管，全部由雌鸟负担，这样会拖垮雌鸟身体。离巢后的雏鸟经 10 天后就能独立生活，及时分笼饲养以免种群混杂。一般 1 对虎皮鹦鹉最旺盛的繁殖期只有 3~4 年，过之则应更新。

虎皮鹦鹉往往因血缘杂合，有时饲养 1 对异色鹦鹉，可以产出杂合子代，呈现几种羽色，这说明羽色遗传不很稳定。

● （七）调教和训鸟方法 ●

虎皮鹦鹉可以用手擎着玩，但要从雏鸟开始调教训练它不怕人，让它可以无拘无束地停在人手上玩耍。调教训练方法是自巢中选取出雏 12~13 天，翅羽长出 6~10 毫米的雏鸟放入鸟笼中，用切细的青菜加少许小米面和贝壳混合食料喂雏。喂雏时饲养者用左手轻轻地将雏鸟握住，右手小竹匙挖少许食料横着填入雏鸟口中，开始雏鸟不张口拒食。喂几次以后雏鸟一感觉饿就开口要食，可每隔 1~2 小时喂 1 次。稍长大即可将盛食料盒送到它的嘴边。它便会自己啄食，下次产蛋，须争取更换雏鸟，如发现有八字脚的雏鸟，可用棉线将两腿绑住，中间留 2 厘米的空隙让其活动，10 天左右即可纠正。

三、牡丹鹦鹉驯养技法

牡丹鹦鹉又称蜡嘴鹦鹉，又名爱情鸟，俗称情侣鹦鹉。

分类属于鹦形目，鹦鹉科。原产非洲，是一种中型鹦鹉，主要分布在苏丹、坦桑尼亚、埃塞俄比亚等，具有重要观赏价值的笼养鸟。

● （一）赏玩和经济价值●

牡丹鹦鹉是一种小型鹦哥，由于牡丹鹦鹉的羽色瑰丽，喙鲜红色，几只鸟同时站在栖杠上，鸣叫动听悦耳，颇有观赏价值。尤其是牡丹鹦鹉可以训练技艺，如爬小梯子和爬绳子等，更是深受养鸟爱好者宠爱。牡丹鹦鹉耐寒，能适应各种气候条件，易于驯养。

● （二）形态特征●

牡丹鹦鹉体小型，体长 15～18 厘米，体态强健，头部稍大，颜色有红、灰、黑等色，眼周有白色肉环，嘴短宽钩状，暗红色，蜡膜白色。颈部有赤黄色环带，上胸橙黄色；背翼尾为绿色，翼端黑色，尾短而圆，足呈灰色。牡丹鹦鹉有 9 种之多，常见的有棕头牡丹鹦鹉、黑头牡丹鹦鹉、金红桃鹦、小鹦哥、蓝黑头、绿桃脸、蓝白头等。在我国饲养的品种常见的有黑头牡丹鹦鹉（图7）和棕色牡丹鹦鹉2种。

图7　黑头牡丹鹦鹉

● （三） 生活习性 ●

牡丹鹦鹉原产非洲热带丛林中，常集大群生活，以各种植物种子、水果和浆果为食，一般在树洞中营巢繁殖，每年产卵 4～5 次，每次产卵 4～5 枚，孵化期 22～23 天。

● （四） 笼具 ●

牡丹鹦鹉宜笼养，饲养牡丹鹦鹉笼舍圈以细铅丝网制作围隔。竹木笼很容易被其咬啃刻破，使鸟逃出笼外。家庭中饲养量少，宜笼养，鸟笼一定要用较坚实的金属笼，笼内构造基本同虎皮鹦鹉笼，一般规格为 40 厘米 × 30 厘米 × 40 厘米。一般用竹藤枝条等为材料制作，以方形笼或圆形笼为好。笼舍内需垫有清洁的细沙，供采食又利于清洁。笼舍内的盛食和饮水的缸筒也要坚固美观大方。放置要稳定，防止被鸟啄坏或蹬翻。家养观赏用，每笼以饲养 1 对为宜。如作商品观赏鸟出售可以用铁木结构的较大巢箱进行群养易于繁殖。繁殖亲鸟用金属笼，其体积为 65 厘米 × 60 厘米 × 50 厘米，配好对的可 1 笼 2 对。一般巢箱下部应开 5 个直径 0.5 厘米左右的圆孔，以便通风透光。巢箱底部垫木屑、草纸或废丝让鸟叼垫，以便于卵集中孵化。巢箱内放置食、饮缸罐，由于鸟数多，食饮具必须放置稳定，以免群鸟蹬翻或踏坏。笼舍内宜设足够的栖架供其运动和栖息。由于牡丹鹦鹉喜好啃咬植物枝叶和其他物品，因此饲养笼内应放置一些树棍或木条等供其啃咬，这对鸟嘴有一定的保健作用。

● （五） 饲养管理 ●

牡丹鹦鹉是结群饲养的中型鹦鹉。一般笼内可放养成鸟 2

对，繁殖种鸟1笼1对。它的食物主要是野生植物的果实和种子，在人工饲养条件下，饲料主要是谷子、小米、玉米碴、小麻籽、大米、菜籽、白苏籽等，其中，小麻籽、菜籽、葵花籽、白苏籽等脂肪饲料在亲鸟繁殖期要增喂20%，但夏季不宜多喂，一般只能占全部饲料的10%左右。家庭中可喂饲牡丹鹦鹉各种植物性食品如面包、米饭、馒头、青菜、水果等。大量饲养牡丹鹦鹉可以喂谷子、稗子、黍子、碎玉米、碎大米、苏籽、小麻籽、葵花籽及花生米等。含油脂的饲料不宜多喂，一般只能占全部饲料的10%左右，冬季或亲鸟繁殖期可占20%。同时每天应足量喂给青菜和切碎的青绿饲料，如青草及蒲公英等切碎添加适量骨粉、蛎粉混入谷粒中饲喂，利于它产卵及孵化出雏。在管理上要精心饲养，切勿给霉烂草和不洁的饮水，每天喂食要定时、定量，笼具或巢箱要天天清除鸟粪，防止鸟体抵抗力降低而致患病。牡丹鹦鹉平时不需要遛鸟，但应保持有较大的活动空间，以增加产蛋率和受精率。

● （六）调教和驯鸟方法 ●

牡丹鹦鹉从雏鸟调教训练不怕人以后开始作简单的动作，逐渐利用不同信号教它技艺，如爬梯子、跨绳子等，每次调教它做一个动作都要立刻喂食，奖励它喜欢的食料，重复上述方法进行调教形成条件反射，再强化训练即可进行表演。

● （七）繁殖技术 ●

牡丹鹦鹉经6个月左右生长发育到成鸟性成熟进入繁殖期。可在春天开始饲养巢箱中的雌雄鸟各自配对，选择亲鸟要求鸟体健康、体形轻巧、运动灵活、腿趾无残疾。每年产卵4~5次，一般雌鸟每次产蛋4~5枚，孵化期约22~23天，亲鸟在自然环境中孵蛋期间，具有雄亲鸟在洞窝外面守护雌亲鸟，并从外面衔食喂雌亲鸟的繁殖习性。雌亲鸟在孵化期，每天只在饮水、取食和排粪时才出巢。雏鸟出壳35~40天后才能离巢，但雏鸟仍需雌亲鸟饲喂15天左右方可独立生活，这时为使幼鸟能尽快地适应独立取食和生活，应及时分窝，使幼鸟出繁殖笼单独人工饲养，使成鸟尽早得以恢复体质。

第二节　百灵鸟驯养技法

百灵鸟简称百灵，又名蒙古鹨、华北沙鹨等，分类属于鸟纲、雀形目、百灵科。百灵鸟的种类较多，在我国分布的约有12种，广泛分布于内蒙古自治区的呼伦贝尔盟、林西县和伊克昭盟草原及河北张家口市及东北西部的草原和青海等地。其中，驰名中外的是百灵鸟属的蒙古百灵鸟，为笼养鸣鸟。

一、赏玩与经济价值

百灵鸟是珍贵的笼养鸟，它聪明伶俐，羽色素雅。百灵鸟天生能歌善舞，鸣声嘹亮，尤其是它有天赋，灵巧的歌喉，音域宽广，韵律多变，婉转动听，头脑灵活，能识记多种鸟鸣声及音响，模仿各种动物鸣叫，驯养后有节律的鸣叫表演口技强，善于效仿他鸟鸣唱音调，是它能把各种动物的叫声

"配套成龙"，甚至猫叫、犬吠、婴儿啼哭的声音。在人们训练下还能够学会唱简单歌曲，所以百灵鸟享有"鸟中歌星"，"花腔男中音"等，在国内外都享有盛名，因而获得了"百灵鸟"的美名。并有优美的舞姿，给人一种美的享受，使人心旷神怡，获得乐趣，同时饲养百灵鸟通过每日清晨的遛鸟活动也有益于人体健康长寿。近年来随着精神文化水平的不断提高，百灵鸟已进入了人们的休闲和娱乐生活之中，所以百灵鸟出口到中国香港、中国澳门及东南亚各国的数量增倍，深得侨胞和国际友人的喜爱。目前，在人工饲养条件下，还不大能做到大量繁殖，现在人们饲养的百灵鸟都是从野外捕捉雏鸟驯化的。

■ 二、形态特征

最有名的百灵鸟是蒙古百灵，鸟的体型较大，成鸟体长18厘米，体宽5厘米。羽色较美丽，鸣叫声音洪亮婉转，且善模仿。百灵鸟身体呈纺锤形，具有流线型的外廓，头顶和后颈部羽尾基部呈栗棕色，头顶中部为棕黄色，眼周及眉纹棕白色，颊、喉部白色，胸部左右各有1块黑色斑块。百灵鸟较为明显的标志是白眉两眼上方由前至后各有1条白色条纹伸至脑后相连（图8）。成鸟雄鸟全身羽毛色深，在头顶中央成棕黄色；前额和头顶两侧至后枕部、后颈圈均成栗棕色；眼先眼周和眉纹呈淡黄白色，颊部和耳羽黄褐色；上体背肩部棕褐色，羽缘棕黄色或棕灰褐色；腰部和尾上覆羽栗褐色；翅飞羽黑褐色，飞羽边缘污白色，飞羽先端棕褐色。翅上小飞羽和中飞羽栗褐色，羽缘淡黄棕色；其他覆羽黑褐色。下体羽自颏喉部、颈侧淡黄白色；上胸两侧各具一黑色羽斑块，胸羽稍缀棕黄色；两肋稍杂以淡栗色纵纹；腹部至上体羽呈黯褐色；胸侧黑块斑较小或不显著。

图8　百灵鸟

野外生鸟与熟鸟的识别方法：野外捕捉的百灵鸟体形稍长，羽色鲜艳，羽毛整齐，足趾光亮，呈暗红色，爪黑色；家养的百灵鸟体形较粗壮，羽色稍暗淡，羽毛常有不同程度的磨损，趾足粉白，爪黄白。

蒙古百灵鸟在不同的生活条件下受环境影响，经常发生变异。现将内蒙古和河北境内的蒙古百灵鸟的9种变异种百灵鸟分类如下。

1. 长嘴百灵

此种百灵鸟较普遍，体色有的比普通百灵鸟稍深些，也有稍浅的，其他与一般百灵鸟相似，其特殊之处，就是嘴长粗大，故得名大嘴百灵，是选择优质百灵鸟的条件之一。

2. 滩鸟

此种百灵鸟比较常见，其繁殖地点均在较洼的草滩地，或是在山的阴坡。体色较一般百灵鸟的颜色深，脚和趾是红色。

3. 灰串子百灵

此种百灵鸟普遍常在草原或山的阳坡生活。体色为灰白色，其他与一般百灵鸟相似。

4. 凤头百灵

此种百灵鸟很少见。体型较小，头顶上的羽毛具有薄而长的冠羽，竖立而成凤头状，故得名凤头百灵。嘴长而有力，体色与一般百灵鸟相同，有的稍浅些。

5. 玉嘴百灵

数量不太多且分布不普遍。这种百灵鸟与一般百灵鸟在体型大小、体色、外形上都相同，只是喙完全呈白色玉柱状，故得名为"玉嘴百灵"或白嘴百灵。一般嘴上颌角质鞘为黑灰色，下颌角质鞘为白灰色。

6. 长腿百灵

此种百灵腿长而健壮，其他各部分相对也比较大。它的体型大小和体色与一般百灵鸟相同。

7. 鹰勾嘴百灵

此种百灵鸟品种数量不多，其嘴（喙）长大而弯曲。上颌角质鞘长于下颌，其尖端呈勾状向下弯曲。嘴勾有大有小是喙的一种变态。体型大小和体色无特殊之处。变异鸟比前两种鸟稍多。

8. "贯米汤"百灵

此种百灵鸟数量不多，其体型大小一般，嘴不红，腿趾呈灰黄白色。体色为黄白色像稀饭颜色，故得名"贯米汤"

百灵。

9. 白百灵

此种百灵数量很少见到，常在人烟稀少的荒草滩生活。体型一般或比一般百灵稍小。体色为纯白色，眼、嘴、腿、趾均为红色。

10. 小沙百灵

此种百灵分布于我国西北、东北、内蒙古、华北一带。嘴短而薄。上体为沙棕色，具有黑色纵纹，下体大多白色，最外侧尾羽白色。后爪稍比后趾长而直。

三、生活习性

野生百灵鸟栖息于开阔的荒漠草原或沼泽草地上，对生活环境适应性强，喜结群在草滩沙丘之间活动，常高飞鸣唱，鸣声嘹亮动听。百灵鸟有识高台歌唱与瞭望的习性，食性是以野生各种植物种子和昆虫为食，春食嫩草芽、根，夏和秋季食昆虫，冬食草籽和谷粒以及昆虫卵等。百灵鸟喜凉怕热，爱好沙浴以降温防热，清理羽毛和身上的赃物。百灵鸟的羽毛是定期更换的，通常1年有两次换羽。换羽期又称脱毛期。头窝鸟在8月下旬至10月上旬进行，逐渐的换掉躯体的羽毛，特别是飞羽及尾羽。这是长期对环境适应的结果，使换羽过程在不影响飞翔力的情况下进行。有的鸟类一次性换羽。大百灵鸟在繁殖结束后要换羽一次。新羽称冬羽。冬末及早春所换的新羽称为夏羽。野外生活的百灵鸟常在空中长时间飞鸣，群起群落，载歌载舞，觅食寻偶，或因受到惊吓、逃避敌害而落地归巢。

百灵鸟是留鸟，常年留居在繁殖区而不迁徙。冬季三五成群的聚集在一起。到村头场边找食，到了繁殖期便成双成对地飞去繁殖。有时冬天下大雪，覆盖大地，无处觅食，也会南迁，到无雪或雪较少的地方去生活。待积雪融化的时候，它们仍然飞回繁殖地区。百灵鸟每年 4 ~ 7 月进行繁殖，营巢于草原山坡地面、草丛坑洼内或露天地面凹处，属于地面巢，巢由杂草茎叶堆成。每窝产卵 3 ~ 5 枚。卵壳白色或淡黄色，表面光滑而具褐色细斑。主要由雌鸟孵卵，孵化期 12 ~ 15 天。育雏期以昆虫为食。

四、选种与笼具

购买百灵鸟最好在 5 月底选头窝鸟，要选择体质较强，品质好，生长快，成活率高，不易生病的个体。百灵鸟全身绒羽的初生雏较难喂养，已出飞的幼鸟已有野性，不易驯养，选购成鸟 2 ~ 3 周龄的为好。因为此龄的百灵鸟生长发育成熟，胆大，不怕各种惊扰利于调教驯养。野生捕捉刚家养百灵鸟惊恐怕人撞笼而家养的百灵鸟在笼中安稳，即使受惊也不拼命撞笼。选种要从雄中选优，因为雄鸟哨、雌鸟叫，也就是说雄性百灵能歌善舞，哨叫鸣啼而雌百灵只能单声鸣叫，唱不出婉转歌声，所以，笼鸟不养雌性的。当然雄百灵也不尽一样。百灵是雌雄同色的鸟，外形较难区分，从幼鸟中选择就更困难，需要仔细观察、综合判断。百灵初生雏鸟的绒羽更换后的第 1 次幼羽，上体羽色黑褐色有土黄缘、呈斑杂状。要选择翅上鳞状斑大而清新的；嘴要粗壮、尖端稍钩、嘴裂深；头要大、额要宽、顶稍凸、眼大、有眼角；叫声尖而宏亮。第2次幼羽时期，体形和羽色近似成鸟。在向成鸟过渡阶段，根据体态确定雌雄个体。雄鸟全身羽色较深，鸟体色斑明显。静立时头向上仰，翼上3级羽（后几片飞羽）为淡白色。眼睛大而亮，头大，眉纹白、粗，头顶白色斑明显，颈硬，鸣叫声音宏亮而锐利。要着重选择上胸带斑长而黑色浓的，身体羽色鲜艳、斑纹清楚，后趾爪长且直的。用手摸胸部肌肉必须丰满，尾脂腺（尖）完全。成鸟的眼要远离口角，有棱角有神，眉纹清晰、粗长、色淡白。总体评价一只好的百灵鸟，从体形上看应体大、健壮，全身均匀，身体呈流线型；头大顶平，腿粗、趾短。从羽色上看，通体羽毛鲜艳、富有光泽。从眼睛上看，眼球明亮突出，颜色乌黑。从胆量上看，不怕人，不怕噪音，不择环境。从叫口上看，鸣叫声音宏亮，叫口模仿逼真，花样多，叫声持久，鸣声期长。

　　选购百灵鸟除选择雄鸟驯养看鸟惊不惊，如果惊恐，说明不宜驯养或需要很长时间驯养调教。还应注意精神状态和体质情况，是否呲毛，用手摸其胸肌是否发达，看是否有亏膘，肛门有无便污，否则买回难以饲养成活；此外，选择时，看头部是否大，看身条是否修长，体型是否匀称，脖子是否短粗，胸部是否宽阔，腿是否粗短，一般认为脚短、趾稍向内弯（俗称"抱台退"），体圆，尾细棒状的容易驯熟；凸眼，高腿，体细长的"性大"、易闹，难以调教。购买百灵鸟时要注意区分捕捉的生鸟与饲养的熟鸟。饲养百灵鸟的笼具见第一章笼养鸟的设备和用具第一节鸟笼的种类。

五、饲养管理

饲养百灵鸟最好掏取尚未离巢已经成长 1 周左右的幼雏笼养。过早，雏鸟的成活率低；过迟，换食有一定难度。通常养在宽敞的圆形平顶高笼中，笼底铺垫 0.5 厘米厚干燥清洁的细沙，沙浴不但能降低体温与清除鸟体上的污物，尚可驱除体外寄生虫。笼中央设高 10~15 厘米的圆台，台上粘一块黑色麻石，使它站上台后不至滑下，这个台称为凤凰台，是笼中百灵鸟登台表演和瞭望的地方。凤凰台的高低要根据笼子的种类和大小而定。百灵鸟喜欢沙浴，笼底的细沙要经常换，及时取出粪便，保持环境的清洁卫生。有的笼底放的是发红赭色细沙，在没有红细沙的地方，就以细沙与红砖面混合而成，这样既能沙浴，又能使身上的羽毛发红色，增加表现。笼内放有食罐和水罐，并经常刷洗，水和食要新鲜。在春末和夏秋时期，每天最好喂几个蚂蚱、蟋蟀、蛾类及其幼虫等昆虫，满足其身体对动物蛋白质的需要。

鸟笼要挂在通风凉爽的地方，在夏、秋季严防曝晒。在炎热的天气发现百灵鸟张着嘴，说明周围环境温度太高，需要换阴凉通风的地方。新选的鸟要先放在暗笼或带笼罩的鸟笼内饲养，以免光刺激或外界干扰，使鸟能有一个安定的生活环境。有斗殴习性的鸟，应单笼饲养，一笼一鸟，如鸟入笼后焦躁不安，飞扑不止，可用软绳将鸟翅膀上的初级飞羽缚住，使鸟不能飞扑，以减少鸟的体力消耗，也避免将鸟的头部撞伤。对于焦躁飞扑不安的鸟，可用冷水喷湿鸟体，可使鸟迅速安定，使用此法要注意间断性，不宜连续使用。新鸟入笼半个月后，如果在暗笼内已较安定，则可除去两翅上的缚绳，将鸟调换到较宽敞的鸟笼内喂养。

第 7 天时掏取的小百灵鸟，还不会吃食，每天要进行人工填食，每隔 1.5 ~ 2 小时，要填食 1 次，每天要填食 4 ~ 5 次，每次填食 2 ~ 3 口。百灵鸟新陈代谢旺盛，消化能力强，食物经过 15 小时后即可以通过消化道。百灵鸟食杂草嫩草芽、根、种子，仅繁殖期吃昆虫。喂养百灵鸟的饲料营养要合理，日常饲料中蛋白质成分勿需过高，占 20% 已足够。冬季北方室外过冬时，可补充少量（5%）的脂肪性饲料（苏子或花生米粉），决不能喂给过多的动物性蛋白质和脂肪性饲料，活的饲料（面包虫、玉米螟幼虫、蝗虫、蚱蜢等），只作为驯熟时的饮食。为促春鸣，可喂些柳树芽或榆树呀，换羽期喂切碎的马齿苋之类的野菜。当其体型、羽色近似成鸟时（第 2 次幼羽齐）方可喂给成鸟饲料和饮水。

幼鸟填喂饲料，可把绿豆粉或豌豆粉拌熟鸡蛋（或熟鸭蛋）黄、玉米面以 5 : 3 : 2 的比例搓匀，加少许水和成面团，用手捻成两头尖的长条，扒开幼鸟嘴或以声音引诱其张嘴，蘸水填入。还可喂些黄粉虫或蚱蜢等昆虫，每天 5 ~ 7 次。雏鸟长到自行啄食时，逐渐减少鸡蛋比例，增加绿豆粉的用量。一般是绿豆粉 2 份、蛋黄 1 份配比，搓成小丸子填饲。至 2 龄后喂部分蒸小米。成年百灵鸟的饲料为豆粉 2 份、熟鸡蛋 1 份、青菜 1 份的比例混研均匀，喂食时加少许水调湿，每周喂 1 次黄粉虫，以满足百灵鸟对动物蛋白的需要。百灵鸟成鸟投食以早晚各 1 次为宜，中间可以单独投放 3～4 次，注意不要喂给变质食物，以免生病。百灵鸟正常粪便稍干而成形，如粪稀是因喂含水分过多的饲料。百灵鸟在换羽期性情烦躁，比平时更加胆小怕人，体力消耗很大，在此期间应精心护理，首先要加强营养，除喂主饲料配料以外，还需喂一些动物性的饲料如面包虫、蚱蜢等昆虫。食罐、水罐应选择较深而不宜太大的罐子，食罐可隔几天清理 1 次。

春末和夏初时期是百灵鸟发情期，亦称大性期。这时百灵鸟鸣叫最旺，有的整天不休息，一定要提供营养性饲料，蛋黄米中蛋黄含量要增加 500 克，小米中蛋黄 5～6 个，并增加绿豆粉和油菜籽、苏子，每天最好喂几个蚂蚱、蟋蟀、蛾类等昆虫满足其身体对动物蛋白的需要。同时要加强管理，饲养百灵鸟应注意遛鸟。冬季也要到室外遛鸟，锻炼百灵鸟的耐寒性能。百灵鸟换羽期要置于安静避风处，遛鸟暂停，防止惊扰。由于换羽时百灵鸟羽毛孔张开，需要保暖防风，防止雨淋生病死亡。鸟笼不要一直高悬亮处，最好放进室内较暗处或罩上笼衣，这期间离其他百灵鸟稍远，防止发情百灵鸟受性刺激而排精，有损健康。

六、繁殖和育雏

●（一）雌雄鉴别●

百灵鸟是雌雄同色的鸟，从外形上难以区分雌雄。从幼鸟中选出雌雄鸟就更困难，需要仔细观察，综合判断。在上槽期和填食期就易辨认了，换羽以后更易区别。可从翅膀的飞羽（指的白羽）鉴别雌雄百灵鸟。雄百灵鸟个体大、头大，顶平，似鹰头，眼大灵活、眉长，两道眉线一直延伸至头后，在后脑勺处相连；腿部与颈部粗壮，额部、头顶周缘和后颈呈栗红色，胸部黑斑明显。每只翅膀的白色飞羽在 6 枚以上；同时，雄百灵鸟长得漂亮。雌百灵鸟比雄鸟个体、头、眼均略小而圆，羽毛不如雄鸟有光泽；眉线不相互贯通，翅上白羽一般不满 6 枚，雌百灵鸟额部和后颈呈棕黄色，胸部两侧的黑斑不如雄鸟明显。在春季和繁殖期雄鸟善于鸣叫，且能歌善舞；而雌鸟只能单声鸣叫，低沉不悦耳，唱不出婉转动听的歌声。

●（二）繁殖●

百灵鸟在每年的 4～7 月繁殖。在繁殖期间，百灵鸟生殖腺的体积可增大几十甚至几十倍。这时，雄鸟和雌鸟进行交配，交配后共同衔草叼泥而营巢。百灵鸟在每年的小满前后开始筑巢，有的还早一些或迟一点。百灵鸟在埂、坡、滩、土丘、沟坡、小山包两坡的杂草和灌木丛中，有的在农田里胡麻，小麦、莜麦植物间的凹陷处，或以喙和爪在可以筑巢的地方刨一凹陷小坑作巢。巢形简单由杂茎叶堆成，雌、雄鸟共同衔来干枯草枝叶和泥土，编织垒砌成巢。此后，雌鸟在巢中开始产卵、孵化和育雏。每天产卵 1 次，有时隔天产 1 次，头一窝产卵 2～3 枚，以后各窝产卵数渐增，一般每窝产卵 3～5 枚，卵壳白色或淡黄色表面光滑而且有褐斑，孵卵任务主要雌鸟担任，孵化期为 12～15 天。雄鸟则在巢旁守卫为孵卵期的雌鸟和出壳后的雏鸟衔食。

● (三) 育雏 ●

百灵鸟幼鸟孵出时体表光裸，眼不能睁开，继续在巢内完成后期发育。5～6天躯体被羽毛覆盖，一听到叽叽叫声便张开大嘴等待由亲鸟衔食喂养，百灵鸟育雏的食物，随雏鸟的成长而变化。雏鸟孵化出1～2天内，其食物以含浆液较多的昆虫幼虫、蠕虫和蛾类为主。成鸟在捉住较大的硬壳昆虫时，要进行"加工"，从口腔内的唾液腺中分泌出黏液，用黏液浸润食物，黏液中含有消化酶，可以帮助刚孵化出的雏鸟进行消化。3天以后的雏鸟，其消化能力逐渐增强，食量越来越大，进食更加频繁。一对成鸟每天要飞来飞去从早忙到晚，离巢捕食喂养雏鸟，逐渐食较大的昆虫，如蚱蜢、天牛、蝼蛄等。雏鸟在成鸟的辛勤照料和喂养下出壳，第8天便可以在成鸟的引带下离巢出窝。但是，还不能独立生活，还需要依赖成鸟捕食喂养。出窝的小鸟并不聚在一起，分离在窝的周围3～5米处隐蔽。3～4天后，离巢渐远。雏鸟长大以后，食量显著增加，成鸟的喂雏需要加强营养，除主饲料配料不能较少外，还要适量喂一点动物性饲料，如黄粉虫，油葫芦虫。再过半个月，小百灵鸟才学会飞翔营独立生活。

七、调教和训鸟方法

驯化百灵鸟的目的是为了音韵动听的歌喉和优美的舞姿，需要认真管理驯养调教。笼养百灵鸟受到空间的约束，如果成鸟未经雏、幼、成鸟过程的驯化，很难有出色的鸣叫成绩。捉成鸟入笼常因未经驯化及环境突然改变可引发疾病。

驯养百灵鸟，应从小开始训练。百灵鸟容易接受训练和调教，在调教过程中，百灵鸟有很强的可塑性，容易纠正不正确的动作。最理想的是"晚头窝，早二窝"的雏鸟。晚头窝实际上还是头窝鸟，只是孵化出的时间，比一般头窝鸟晚一些，又比二窝鸟早。因为头窝鸟孵出后，各种昆虫食物还不太丰富，雌、雄百灵鸟捕食满足不了雏鸟的需要，需要补充一部分植物性饲料，如植物的嫩芽或种子等。稍晚于头窝，但是又早于二窝的雏鸟，此时动物性食物丰富，小百灵鸟生长发育良好膘肥健壮，将来"开口早"——开始学唱早和每年早春唱得早，而且歌声嘹亮婉转，"收口晚"。这样的鸟，每天、每年歌唱的时间最长，歌声最动听，每年秋末冬初别的百灵鸟早都不叫了，它还在歌唱。而且最善于模仿其他动物鸣叫，所以驯养百灵鸟时要选择"晚头窝，早二窝"的雏鸟最好，其次就是头窝鸟或二窝鸟。

刚捕获的野鸟因不习惯人为环境，常显出不安或恐惧的神态。它们往往竭力挣扎，试图逃出牢笼。因此，驯鸟的第一步就是给鸟创造一个安静的环境，尽量不去惊扰它们，等它们熟悉环境后，使鸟的性格从粗野变为温顺，才开始驯养，把它逐渐移到有人声的地方。每天早晨或傍晚到郊外园林中去遛。新来鸟起生，开始宜用板笼或罩上浅色笼套饲养、进行个别调教，拿它们喜欢吃的蝗虫、蚱蜢、面粉虫等引逗，适应新的环境后，不惊撞，并能从手中取食，这时逐渐打开笼套。平时把鸟笼挂起来，高度稍高于主人，不宜放地上，不要轻易用手提。避免突然使鸟惊吓。

幼百灵鸟绒羽一脱完，仔细观察发现雄性鸟鸣部就常鼓动，发出细小的嘀咕声（俗称"拉锁"），早晨将鸟笼挂在鸟多的地方，让它学会各种鸟鸣。目的是获得最佳鸣叫声音。幼鸟初叫很易上口，听到外界声音，模仿力很强。百灵鸟在调教的头一年，要注意防止外界杂音干扰。要有一只好的成鸟，当固定"老师"教口，以免出现乱音脏口杂口，调训学叫时要用布套罩起来，让"学习"静听。还可在笼子上挂些红、黄、绿色布条或把笼子挂在马路边，让他们听到各种声音和看到各种颜色，不受惊吓，又不怕人，有训教成功的老鸟当"教师鸟"挂置高处带口，令幼鸟聆听后，能"登台"歌唱，或到自然界去"呷"，一般养百灵鸟的人常常还养红仔（沼泽山雀）、灰喜鹊、甚至油葫芦训鸟。训鸟前不能让鸟吃饱，可用食物引诱。它"登台"唱歌，并学会各种动作、表演各种姿态。填食物和上槽期是训练小百灵鸟学艺的开始时期。利用食物作条件反射，使小百灵鸟可以在此期间学会听呼唤声前来，看手势立即登上凤凰台，开笼门听呼唤声飞奔到手上站立，将手伸进笼门能立即跳到手上等。如果长期有一种声响不断刺激，幼百灵鸟就会叫出该声响。经过 3~5 个月的调教训练定能教百灵鸟学会叫唱十多种音调。有人用已经录好的套口百灵鸟鸣叫方法教鸟学叫，循序渐进 1 叫口 1 叫口的教鸣，天长日久能收到较好的教学效果。但是学会的本领要经常巩固，否则时间长了就会忘掉。在压口期可以学会所有动物的鸣叫，百灵鸟的套口无论南方还是北方皆为 13 套口。南方 13 套口是"麻雀噪林""家燕送春""喜报三元""红殿金榜乐，吹哨列队""山喜鹊叫""推小车声""母鸡报蛋""猫叫""鸢鸣""蝈蝈叫""画眉叫""黄雀叫"。北方

13套口是"家雀儿噪林""母鸡嘎蛋""猫叫""沙燕或雨燕叫""犬吠""山喜鹊或喜鹊叫""红仔叫""油葫芦叫""鸢啸叫""小车轴声""水梢铃响""大苇莺叫""伯劳结尾"。只有13套口以上的百灵鸟才为正鸣叫口。北方百灵鸟叫口中不允许有画眉叫。但现实生活中,小车已经淘汰,鹰很少,百灵鸟无法学到其鸣叫声音了。

上品百灵鸟特点是鸣叫时口内膛音宽,发出声音润而不干,要有水音,鸣叫套句不千篇一律。每个套句有5~6声,句后有蹲腔,套句内音抑扬,有高有低,叫口多而不杂。始鸣终鸣有规律,鸣叫多轮不乱章法,不轻易丢口(叫声)。

百灵鸟喜欢站在高台上,鸣叫要在较小的圆笼内搭"戏台"。如果在台上边展翅边叫则是好的百灵鸟。随着幼鸟的长大,鸟笼也要逐步换大换高,"戏台"要逐渐增高。每次增高0.5~1厘米,在每个高度让百灵鸟熟练适应一段时间,台要牢固,以利幼鸟长大以后达到"飞鸣"和表演"蝴蝶开"的境地。

训练百灵鸟的各种方法是相互配合、彼此联系的。百灵鸟对鸟笼和主人的记忆较差,因此,学会的本领需要反复练习巩固,否则是要忘记的。在训练百灵鸟过程中,每当完成或准确地模仿人或其他动物的鸣叫时,都要给予奖励,使之巩固成果。日常驯养百灵鸟要随时注意笼条是否有缺损,更换食水和清垫沙时切忌关好笼门,以防飞逃。因除非十分驯熟的百灵,否则一经飞出笼就会逃失。

第三节　画眉驯养技法

　　画眉在分类上属于鸟纲，雀形目、鹟科，画眉亚科，是我国传统特产的名贵赏玩笼养鸟。分布较广，主产安徽、浙江、江西、江苏、湖北、陕西、四川、云南和贵州等省市。

一、赏玩与经济价值

　　画眉是我国传统的笼养鸣鸟之一，其雄鸟鸣声复杂多变，清脆嘹亮，音调激昂悠扬，富有音韵，婉转动听，经过人工驯养压口后鸣唱，并能模仿很多种鸟类的鸣声，因此，成为驰名中外的歌鸟，驯养画眉，它灵巧的歌喉发出好音能调剂人们的精神，增添生活情趣，而且能美化环境，使人健康长寿。深受人们的喜爱，同时它喜食虫所以也是益鸟。近年来各地鸟市上捕捉和出售的画眉数量很多，应该保护资源控制捕捉数量，并采用人工饲养。画眉饲养易于成活其幼鸟性情比较温顺，若自幼鸟开始驯养，更适于调教。

二、形态特征

　　画眉鸟的体长 24 厘米，尾长 100～107 毫米，体重 65～76 克。头顶羽色褐色，并有暗色纵纹。它的背部为橄榄褐色，上背部的羽毛绿褐色带有深褐色的纵纹，下体棕黄色，腹部中央灰色。嘴黄色，有非常显眼的白色眼圈，并由眼上方向后延伸成眉状，眉纹曲而长如画眉，故得名"画眉"（图9）。

画眉雌雄鸟同色，外形难以区分。但雄鸟体型修长，而雌鸟短而胖。雄画眉体型较雌画眉略大（雌画眉隔年老毛体形也不小），胸肌较雌鸟发达。雄鸟羽毛比雌鸟羽毛紧。雄鸟头大而长，雌鸟的头则园而小。雄鸟头门（即两眼间距）较宽，雌鸟头门较窄。羽毛上雌鸟比雄鸟美丽、富有光泽。雌雄叫声不同，雄鸟鸣叫声音婉转动听，雌鸟鸣叫声音则较创新高。雏鸟体较成鸟小，头

图9　画眉

圆小，羽毛较光滑，羽色较成鸟浅而呈棕色，口腔橘黄色，嘴缘黄色，尾部无斑纹，鸣声单调。

三、生活习性

野生画眉生活于山区和丘陵地带，常栖息在山沟小溪旁的低密树林间或杂灌丛中和山林中，不善长距离飞翔，喜单独活动，偶结成小群于树下的草丛中觅食活动，性情机灵胆小，喜隐匿，雄鸟间好斗，受惊后迅速飞到树下，从杂灌树中逃窜。其食性杂，主要以昆虫幼虫为食，特别是在繁殖季节吃的昆虫最多，如金龟子、松毛虫、蝗虫、椿象、金龟子

以及各种蛾类幼虫等，在秋冬季节以各种植物种子、野果等为食。画眉喜欢水浴，松张羽毛，所以，在干燥无水，杂灌偏少的山区很难见到画眉的踪迹。

画眉每年从4月至7月可繁殖两窝，巢多营造在近水处的山凹、山坡或山沟的不高的杂灌林枝杈上，距离地面高1米左右，有时也将巢筑于地面草丛间，巢呈深杯状，用苔藓、树叶杂草、松针和细根须构成，每窝产卵3~5枚，卵呈椭圆形，蓝绿色，带有光泽。画眉性好斗，尤其在繁殖期是"一山头，一画眉，越界必斗"。此鸟分布在我国黄河流域以南各地，是长江流域和华南常见的留鸟。画眉主要分布生活在我国南方，如江苏、湖南、湖北、安徽、四川、浙江、贵州等地区，由于气候或其他因素，北方饲养的画眉在健康寿命方面都不及南方。

四、选种与笼具

饲养画眉，雏鸟或成鸟都可以。画眉需要挑选雄性饲养，雌鸟羽毛较雄鸟羽毛光滑，体形较雄鸟短小，头园、小，鸣叫声音单调。此外，还要挑选叫音好，洪亮、膛音宽厚，婉转圆润，叫口模拟声逼真，口长连口，音调多而动听的画眉。有养画眉经验的人知道画眉的鸣叫有大声期和小声期之分，4~7月为大声期，此乃雌雄发情交配激起。在选择叫音好的画眉时除掌握上述鸣声规律以外，要求体长，有精神，比较活跃，主要看它的五官、腿爪。其嘴壳要细瘦，直的比弯的好；鼻腔要空，眼有十多种，以眼珠周围赤色，眼眶鼓出的为好；眼眉全白为佳，夹有黑毛次之。从头式看有大方头和小方头之分，此两类画眉鸟性烈，较难驯服，选柳叶头鸟性温驯易饲养；腿要短爪要大，跗跖、趾较粗壮，以腿嘴色一致为好。养画眉一般在 5 ~ 7 月到花鸟市场选购雏鸟驯养。一般幼鸟性情温和，容易饲养，适合初学饲养画眉者。但幼鸟鸣叫时间短，鸣叫声音不够悠扬。成年鸟因其性情急躁，故不易驯养，但如果驯养得法，"开叫"后，除了换羽期外，能四季常鸣，而且鸣叫声音悠扬动听。幼鸟最好选 5 月份的鸟（头窝鸟）。因为头窝雏鸟体质较强，不易生病，成活率高，生长快。饲养窝雏羽毛未长齐时必须小心饲养，同时也难以区分叫音的好坏和五官、腿爪情况，羽毛长齐尚未离巢的雏鸟未出窝前此阶段的幼鸟，性情比较温顺，取出饲养成活最易调教，养画眉不仅要使画眉鸟的歌喉能灵巧的发出好音，还需要了解它的生活习性和繁殖规律，进行科学的驯养和调教。

挑选画眉可采用外形鉴定，选体型略大，眼睛有神，比较活跃，跗跖、趾较粗壮的多为雄鸟。上品画眉鸣叫时身体不会前后左右摇摆，头要昂仰而不望下（望下即"俯头"，是下品）。鸣叫时尾要微向下钩，不能上下摆动或翘向上面；羽毛要紧贴身体，嘴锋要尖长色纯。善鸣叫的画眉有"身似葫芦尾似琴，颈如削竹嘴如钉，再添一对牛筋腿，一笼打尽九笼赢"的选鸟口诀。画眉鸟能学上几种叫口，如猫叫、灰喜鹊叫、吹哨声等。品评画眉鸟除了欣赏鸣叫外，重要的是观赏体形、羽色及眉羽。画眉羽形状也是品评画眉的重要依据。白色眉羽有的呈弯月状、扁担状，有的呈鹿角形、扫帚形等。

头有蛇头、虎头之分；尾有凤尾、楔尾之分；嘴有钉、刀之分；腿有牛筋腿之说。

选购画眉时不宜采购有以下几种表现的画眉驯养。

(1) 仰头的不要。画眉鸟仰头是难治好的"毛病"，这种鸟站在跳杠上，头颈向后仰，严重的好似翻杠子。画眉鸟仰头有的是饲养过程中出现的，有的则是在捕捉贩运过程中因受惊过度所致，鸟再会叫也不能要。为鉴别鸟是否仰头，选鸟时可带上或借一笼子，跳杠俱全，将鸟放入其间，座放地上。掀开正面笼衣进行观察，如果是仰头鸟，在 15 分钟左右时间中会向后或向前翻仰。

(2) 撒米的不要。给鸟喂食时经常将食缸内的食甩撒一地，也是一种比较难治的"毛病"。有的鸟在饲养中偶尔一次撒米，不属于"毛病"，但必须立即设法加以纠正这个坏习惯。

(3) 吃"回笼食"的不要。有的鸟笼内即使有食不吃，却吃自己拉的屎，叫做吃"回笼食"。这种鸟不仅失去观赏价值，而且容易致病，有这种恶习的鸟不宜选养。

(4) 咬尾的不要。有的鸟性格暴劣在笼内常团团转啄食自己的尾羽，这种鸟难以驯养改变恶癖，不宜选养。

(5) 寒雀不要。有的鸟看头形、嘴形、眼形尚可，但体型瘦小，羽毛色暗似潮湿般，听到其他鸟叫，卷缩笼底角落里，这种鸟称为"寒雀"，这种"冰无斗志"的鸟不敢与其他鸟抗衡的，也不宜选养。

(6) 残疾的不要。有断肢、缺趾及有聋、瞎残缺和有病的鸟不能选养，选购鸟必须仔细，观察鸟对外界声音或事物

的反应程度和活动、食欲情况即可知该鸟有无残疾。

五、饲养管理

　　画眉鸟对春、夏、秋、冬四季都能适应。但性烈，野性很大，新捕的野生画眉不适应笼中的生活，怕人扑腾两只画眉啄斗，因此，要一鸟一笼。北方养画眉鸟多从幼鸟开始，也称"过枝子"。雏鸟从窝毛到"齐"毛后，称幼鸟。饲养幼鸟容易适应笼养生活环境，不撞笼。画眉因性喜隐匿，故初上笼的画眉鸟要用特殊的"板笼"，并在笼外罩上一层深绿色的笼罩，下面露出1/3，放在安静地方，让其吃食和饮水。这样，画眉不见光亮可安定下来，待驯服后再去掉笼罩，换入亮笼，使画眉养成去掉笼罩，立即鸣叫的习惯。根据画眉的杂食性，在自然界动物性饲料喜食各种昆虫、鱼虾、田螺及小蜥蜴等；植物性饲料喜食大米、玉米、高粱、谷子、黄豆、花生等。笼养画眉鸟的饲料主要蛋米，往往需要一年后才会驯化，饲料用玉米面、豌豆面调和少量熟鸡蛋，瘦肉和碎米粒喂饲。无论何种饲料要保持饲料新鲜，尤其是炎热季节，动物性饲料容易腐败变质禁喂画眉，防止引起腹泻甚至死亡。在生长旺盛期和发情期（每年4~7月）特别爱叫，要加强营养，主食蛋米外，应增加蛋黄含量，每500克大米拌和7~8个鸡蛋黄，并要注意增加活虫的饲喂量。饮水要勤换，保持新鲜，水槽内水不宜装满，以防呛水。喂食、饮水前要预先给予信号，避免突然惊吓。

　　画眉鸟只能分笼喂养，挂在通风和有阳光的地方，空气清新，笼要清洁卫生。每周清洗笼底 2～3 次。画眉喜水浴，北方气候干燥，不洗澡成活率不高。笼养的画眉除严冬季节和换羽期暂停水浴外都要水浴，在暑天至少每天洗 1 次冷水澡；冬天应减少水浴次数，一般每隔 2～3 天也应调教让鸟能水浴 1 次，水浴时可笼内放水盘或将鸟笼放到水盆内，盆内盛水的深度不得超过画眉鸟的跗蹠部。可将面包虫撒于水面诱鸟下水浴。画眉鸟洗澡的时间长短可由鸟自身控制，画眉初次水浴可能因环境的改变而拒绝，如水温过凉、水过深等都会使鸟不下水。对不愿洗澡的画眉，切忌采用水喷等强制办法给鸟洗澡，如用水喷或用手握鸟体在水中洗刷等，会使鸟受惊，要使其逐渐习惯，鸟即会自愿洗澡了。饮水每天换 1 次，水罐中的水不宜添的过满，防止鸟自行洗浴，"呛"坏歌喉，造成嘶哑。洗澡后应将鸟笼放在无风的阳光下让鸟理羽抖翅。

六、调教和训鸟方法

为了使新来的画眉适应新的环境，开始宜用板笼或罩上笼套的壳笼饲养；要经常使鸟和人接近不怕人，使它逐渐熟悉驯养调教的人员，然后就可手拿画眉喜爱吃的昆虫如蝗虫、蚱蜢或面包虫引它逗食。如发现画眉见驯养调教人不受惊而在笼中惊撞，并能从手中取食，即能去掉笼套；每天清晨和傍晚，需要按时将鸟提到空旷安静园林处遛放，以利于健康和鸣唱，并把鸟笼经常提到野外树上挂起来，一般高度在 2 米左右，鸟笼在风吹晃动的树枝上，可使鸟脚有力抓杠，以锻炼鸟腿脚肌肉。逗鸟时要罩上笼套；笼鸟不性恶，如果见生人不惊，不乱动乱撞，即可打开笼套，亮开笼底，每周清刷粪污2~3次。喂食时不要轻易用手去捕捉，要预先给以信号，饲养者平时一定要注意观察状态。遛鸟还要注意悬挂位置，要把鸟笼挂在与自己鸟鸣叫水平相仿的鸟群中，放置在鸣鸟附近。掀开笼罩要轻，远离鸣鸟的地方听叫学叫。鸟在换羽期，也不要间断遛鸟，可适当减少鸟鸣叫的时间，以免过分消耗鸟的体力，但完全不让鸟鸣叫也不好，这样会使有口的鸟容易忘口。鸟在鸣叫时切忌入群，鸟与鸟之间距离不要太近，不要斗叫，尽量使鸟处于安静环境，以利画眉鸟学叫。如把鸟挂在比自己鸟更会鸣叫的鸟群中，则会使自己鸟鸣叫不敌斗败，对以后的调教不利，欣赏价值大大下降，鸣叫质量越来越差，失去饲养的意义。要马上检查笼顶是否有亮缝，如有要马上罩严防止透光。同时将笼底的托板换成玻璃的，把鸟笼悬空，在玻璃板上放喂些蚱蜢、皮虫等画眉爱吃的虫子，将鸟的注意力吸引到笼底下来。另外将栖木移到笼顶，迫使画眉无法昂头。如果经过这样处理后效果不大，鸟还是不安静的话，可适当用水喷湿鸟羽，使其安静。（冬天天冷时慎用，以免鸟受凉得病。）这些措施不能连续使用。

此外，挑选生长健壮，长相好性格爱斗的画眉雄鸟训练打斗，以培养它的猛劲和毅力，让两只雄鸟靠拢打斗，经过多次训练后即可将两只雄画眉鸟放入打斗笼内打斗。打斗前要给鸟食饱饮足，打斗时要注意防止互相伤害，只要一分出胜负就要立即将两只斗鸟分别放入笼内精心调养。发现有鸟受伤应及时治疗。但这种画眉鸟打斗不宜经常进行，以防斗鸟受到伤害。

▶ 七、运输

运输画眉鸟笼要小，装数量多，而且安全。矮笼高 10 ~ 12 厘米，可使它仰不起头，斗不起架，运输不占体积。笼外要用能透气的暗色布包裹，使笼内光线微暗，避免笼鸟惊撞不安。食料用鸡蛋拌米，并加适量的黄粉虫装入鸟食槽内，如果长途运输，水槽内放入吸水海绵，以防运输车船颠簸使饮水外溢失水而使鸟渴死。

第四节　八哥驯养技法

八哥，俗称凤头八哥，亦称"鸲鹆"。分类隶属鸟纲、雀形目、椋鸟科。自古以来八哥是人们喜爱的观赏笼养鸟。该鸟主要分布于我国南方长江流域及以南各省。

▶ 一、赏玩和经济价值

八哥一直是人们喜爱的观赏鸟之一，它性情温顺，雄鸟能模仿其他鸣禽的鸣叫，并能调教学简单的话语，灵巧自如，一会儿啁啾不已，一会儿又放声高唱，实在有意思。雌鸟巧仿人言语。据有人做实验，先把鸟笼遮住，然后播放音乐唱片《小夜曲》给八哥听，结果，八哥也能唱出钢琴调《小夜曲》音调来。鸟类的鸣啭是一种复杂的生理现象。八哥鸟除了有自己的嘹亮悦耳的歌喉外，还具有模仿别的鸟类鸣叫以及猫叫、婴儿啼哭等声音的技能，堪称是一个天才的"口技演员"。宋朝著名诗人周敦颐曾写有赞颂八哥巧学人言，受人喜爱的《鸲鹆》（即八哥）名诗；诗中说八哥为鹦鹉一样能学人语。对鸲鹆铁色似的羽毛和明亮的双目作了外形上的描绘，而且对它"巧言醉舞"能善解人意的本领作了赞颂。八哥羽毛不艳，但可供作玩赏，深受养鸟爱好者喜爱，同时八哥容易饲养，饲养方法简单。八哥耐寒性强，南北方都可喂养，而且养殖方法比较容易，故饲养繁殖八哥养殖前途很大。

二、形态特征

八哥体长 25～28 厘米，通体羽毛黑色而有光泽，由于鼻孔上方额羽发达，如冠，耸立于嘴基上竖立成羽簇，另有一部分倒下覆盖鼻孔。两翼羽有一大形白色的翼斑，飞翔时张翼显露，从下视之，两翅白斑形似"八"字形，故有"八哥"之称（图10），尾圆形羽黑色，尾羽除中央 1 对外均有白端。尾下覆羽的羽端也是白色。嘴和脚黄色。幼八哥体羽

图10 凤头八哥

以褐色为主，背和两翅表面咖啡褐色，额羽簇不及成鸟发达，头颈棕褐，下体灰褐，翅上的"八"字斑和尾端的白羽，也不如成鸟明显。

三、生活习性

八哥为南方的留鸟。野生八哥栖息在丘陵茂密的树林、竹林中，常集群活动在平原村落、田园、山林边缘和农作物生产区，也常飞落农家庭院或屋上活动觅食，待至黄昏后才飞回固定的栖息场所或集群在大树、竹林或苇丛中过夜。八哥为野生杂食性鸟，在自然界中主要捕食蚱蜢、蝗虫、蝼蛄、金龟子幼虫、地老虎、蚯蚓、粉蛾、蟋蟀及其他昆虫和各种植物果实、种子或草籽等。冬季食物很少时，也飞到菜园地里吃菜叶。有时飞到牛背周围活动，啄食牛背虻、蝇和虱等，雄鸟喜鸣。八哥喜水浴，环境安静。当它受到不同的外界刺激时，就会发出警戒、恐怖的声音，借以保持鸟群联系或防御敌害。

八哥4~9月份繁殖，每年可繁殖2次。春夏季节在枯树洞内或古塔及高大建筑物的裂缝中筑巢，巢内垫以软草、羽毛及棕丝纤维等，每窝产卵3~6枚，通常4~5枚。雌雄鸟共同孵卵及育雏。主要产于我国陕西南部及我国中部、南部广大平原地区及山林间，数量多。

四、选种与笼具

选购八哥应选择嘴壳脚浅黄白玉色，足趾呈橙黄色，全身羽毛紧贴、不蓬松，全身羽色乌黑而有光泽、尾羽短而自然下垂，不上翘、不散开，胆大不怕人的个体，较易调教说话、放飞等功能。从鸟龄讲，成年鸟野性太大，不如幼鸟容易驯养。1岁以下的幼鸟均可调教，最好选择第1窝第1次孵化出的。刚出飞的幼鸟易于驯服，开始调教训练，效果最佳。人工驯养八哥说话一般说雄鸟善模仿鸟鸣，雌鸟巧仿人言。饲养八哥的笼具应高大，笼丝应较粗，结构要坚固，内设栖杠、食罐和水罐（参见第一章笼养鸟的设备和用具第一节鸟笼的种类）。

五、饲养管理

●（一）幼鸟饲养●

在幼鸟经过精心喂养一段时间后，雏鸟逐渐能自行啄食。在笼养过程中，幼鸟的饲养和成鸟的饲养不同，活动量大大减少。刚开始啄食的幼鸟应喂以鸡蛋米为主要食料。制作方法是1 000克大米，加4~5个鸡蛋，大米洗净去水晾干，放入锅内炒到微黄，将鸡蛋打开去壳，调匀后倒入锅内与大米一起，炒到米粒散开不粘结为止。蛋米饲喂时还可适当加鸟类混合饲养软食，米饭拌匀粉料，无需挤压，盛放在米缸中。每日或隔日还需补喂一些肉丝、蚱蜢、蚯蚓、蝼蛄、蛾类幼虫、小鱼虾，最好是人工繁殖的面包虫、面粉虫、蚯蚓，以及新鲜洗净的蔬菜和瓜果等。每日喂1~2次，在喂给食物时，要给幼鸟简单的训练，使之形成喂食反射，让幼鸟自行啄食。八哥食量大，补充的饲料应少喂多添，不宜多喂为原则。否则在炎热的夏季这种食饵易于变质，处理不当就会使八哥生病。供作玩赏的八哥在幼雏人工饲养羽毛初齐阶段，每次喂食前还可教会放出笼外任其在鸟笼及饲养者周围活动10~15分钟，每日放出笼不逃失可采取笼外喂给喜食饲料2~3次，久之形成条件反射。每一次放后关入笼内时，饲喂面包虫或面粉虫1~2条。

● （二）成鸟的饲养 ●

八哥幼鸟生长发育为成鸟阶段，饲料应由软质饲料逐步过渡到干燥硬质饲料。冬春季天气寒冷，笼养人工饲喂以蛋蒸米为主食；夏秋季气温较高，因用蛋蒸米容易变质，故改以蛋炒米为食。制作的方法是先用清水把250克大米淘洗干净并沥干水分，然后放入锅中用文火焙烧，再放入2~3个搅匀的鸡蛋黄和25克肉粉，继续文火。补充饲料的饲喂和管理方法同于幼鸟的饲养管理不再赘述。但成鸟的换羽期（一般在8月中下旬至11月上旬），应精心喂养，在日粮中增补蛋拌大米或小米、瘦肉、小鱼虾及昆虫，还可用人工繁殖的黄粉虫等。及新鲜多汁水果、青绿蔬菜，喂微量元素饲料，在饲料中增喂少量食盐，可增加八哥食欲，加快生长发育。但喂饲食盐切忌过量，防止食盐中毒。同时要保证供给充足清洁饮水，防止消化系统疾患。

● （三）管 理 ●

八哥在幼鸟阶段除注意饲料外，还要搞好鸟笼及鸟舍的清洁卫生，每周消毒1次。笼内的栖棍多使用桑枝、枣树枝条或枸杞根等。八哥的食量大，所以笼内食缸、饮水缸要用大号食缸，由于八哥排粪便多故要每天用水冲洗。每隔 2～3 天用 1‰的高锰酸钾溶液进行消毒，减少发病因素。八哥喜水浴，俗称"八哥洗澡"。天气暖和、气温较高时，可连同竹笼置于水盆之中，任其嬉水沐浴，既可清洗污物，增加运动量，也可增强食欲及消化力。夏季每天 1～2 次水浴，最好以上午 10 时和下午 3 时各水浴 1 次。冬春季水浴次数宜少，2～3 天须清洗 1～2 次。冬春季需在温暖、天气晴朗的下午，在向阳避风处进行水浴，水浴后要将鸟笼挂在向阳避风处让鸟晒干羽毛，防止受冷发生感冒和继发肺炎。调教训练八哥出笼放飞活动时，应注意防止猫、狗的惊吓与咬伤。

六、调教和训鸟方法

训教八哥学舌应选择好幼鸟，因为成鸟较难驯熟。从年龄上讲，1 岁以下的幼鸟均可调教，但从刚换过第一次羽毛时的幼鸟开始驯养，使八哥说话效果为最佳时间。即使舌头不经修舌手术，有些也可以学舌的。八哥完成第 1 次换羽后已进入成鸟阶段，可以训练调教学各种鸟的鸣叫、简单人语（俗称学舌）和放飞。调教的第一步是使鸟驯熟。训练八哥学各种鸟叫时，需要它学什么鸟叫，就把八哥鸟笼挂在什么鸟的鸟笼旁边，一般经过 2～3 个月就会学好该种鸟叫。八哥经过驯养调教，反复训练可以学会 10 种鸟鸣。教八哥学人语要先捻舌头，用手将其舌面的注意力集中，便可以喂昆虫以示鼓励，如此反复进行就会逐渐形成条件反射，逐渐模仿人语。喜吃的昆虫（如皮虫、面粉虫、面包虫之类）及香蕉等软水果当诱饵，用手拿着喂，喂时给以声音信号，使鸟逐渐驯熟，并能按口令上杠、下杠，而后再教学"说话"。教八哥学舌最好在早上空腹或午后及傍晚饥饿时进行，将鸟笼挂在安静、无杂音干扰的室内；令它上杠，而后有间隔的反复说一句话，当鸟每学一次就奖励几条虫子。教鸟的语音要简单、易学，音节要由少至多，学会一句后随后巩固 7 ~ 10 天，直到学会巩固后再教第 2 句，决不可同时教两句话。每教一句短语时，最初 2 天可能不开口，驯养要有耐心，但也要给几条虫子，以利下次再教，为了使鸟注意力集中，宜左手拿虫，右手伸直食指作为教化信号。八哥舌端部尖细，发音不流利，通过对八哥的修舌，会促使八哥说话。修舌实际上是修其舌端，具体方法是左手捉住鸟体并使鸟嘴张开，右手食指沾些香灰，涂至八哥舌端处，并用食指与拇指轻轻来回左右捻动，先轻后重，反复20 ~ 30 次，使八哥舌尖搓圆，硬壳变软脱去。或用小剪刀消毒后修刮舌尖，使舌尖变圆，每次间隔一个月，修剪 3 次即可。这样不捻舌，效果好而且安全。修舌有时舌尖微量出血，可涂些紫药水。一般要捻舌 2 ~ 3 次，第 2 次捻舌在 2 周以后再进行。修舌后的八哥应放入原笼中，暂停供水半天，精心饲养。注意增加软食，要新鲜卫生，防止八哥口腔感染发炎。10 ~ 15 天后即可训教简单语言。亦有人给八哥修舌是采用剪刀消毒后剪去舌端，能促使八哥学会简单的语言，但难度较大，初养八哥无经验者不宜采用。还有人给八哥用火修舌，用点燃的香直接灼烧八哥舌端硬壳或用 60 瓦的电烙铁烧八哥舌端硬壳。但用此法鸟受痛苦，且要精心护理和喂养，否则容易造成死亡。因此，一般不采用此法。只要是八哥幼鸟调教得法，八哥舌头不经"修舌"（或手术）不一定不能学话。可用一种隐蔽调教法，于每日早晨鸟空腹时，选在僻静、无嘈杂声的地方，即人隐藏在暗处，暗中施以调教而不直接与八哥对面。还可以用1只成年八哥会"说话"的录音调教，同类调教把幼八哥饲养在偏僻的房间里，让它听录音，也可让已学会人语的成鸟（教师鸟）带教，如教八哥说："您好""欢迎""请坐"等文明简语。几种方法可交替使用，相互补充。具体方法是用一面镜子对着八哥的面使其看得见镜中之"八哥"，但看不到镜子的后面或镜子下面暗藏的人。

八哥雏鸟人工饲养到羽毛出齐阶段，每次喂食前将其放出笼外活动 10～15 分钟，熟悉笼舍周围的环境，当它略有饥饿感时，饲养者在笼外喂给喜食的饲料，如此每日放到笼外任其活动并饲喂 2～3 次，以后不断巩固，久而久之形成条件反射，它可在笼舍周围及饲养者身边采食，不远离笼舍。逐步让其飞高飞远，能随主人同行，主人走到哪里，八哥就飞到哪里，即使飞远了，听到主人口令也会飞回来，与主人形影不离，有时立于主人肩头，供人玩赏。每次放飞时间不超过15分钟，放飞后关入笼舍时都要饲喂它喜食的面包虫等饵料。

七、繁殖技术

●（一）雌雄鉴别●

八哥幼鸟的雌雄相似，所以较难区分，只有在同一窝雏鸟之间进行对比判断。一般同一窝雏鸟中，体型大，头大而扁，喙粗长呈白玉色，叫声时头高昂、腿肉红色的多为雄鸟。而头小而圆，喙细而短，喙和腿均为灰色的是雌鸟。

● （二）繁殖方法 ●

八哥的繁殖季节一般在 4～9 月份，每年可繁殖 2 次。春夏季节营巢窝于树洞内或巢窝在古塔或高大建筑物的洞隙内，也有将巢窝筑在峭壁里。人工饲养种鸟适于饲养在较高大的笼舍内，备有枯树洞或木质巢箱供其筑巢，巢内用软草茎或小的藤木植物、棕丝纤维以及鸟羽等柔软物做窝，每窝产蛋 3～6 枚，通常 4～5 枚，在安静的环境下雌雄鸟共同孵卵及育雏，出壳雏鸟开始啄食后饲养以鸡蛋米为主，适当加鸟类混合饲料，每日喂 1～2 次，每次取食 30～40 分钟，每日或隔日喂给少量面包虫或面粉虫，同时喂给少量软水果。

第五节　鹩哥驯养技法

鹩哥又称秦吉鸟，俗称海南八哥、了哥。分类属于鸟纲、雀形目、椋鸟科。产于我国云南、广西壮族自治区西南部和海南省等。鹩哥是历史悠久、驰名中外的笼养观赏鸟。

一、赏玩与经济价值

鹩哥是著名的观赏鸟。人们饲养历史悠久。鹩哥善鸣叫、发声清脆流畅，吐音清楚，富有优美的旋律，时高时低、歌声婉转动听，亦会仿效喜鹊、杜鹃等鸟鸣叫和猫叫。笼养甚易调教和效仿简单的人语，很能引起赏玩者的情趣。由于大量捕捉自然界的鹩哥，数量越来越少。人工养殖鹩哥，不仅可供观赏，而且能增加经济收入。

二、形态特征

鹩哥体长约 28 厘米，嘴厚而弯曲，嘴短于头，喙和足趾呈橙红色。自眼后至头后侧面有两片金黄色肉质垂片。通体黑色，且具有金属光泽，两翅部分翼羽有白斑，飞行时尤为明显，翅很强，但第一枚初级飞羽很小，尾短，方形，脚长（图 11）。雌雄鸟体色相似，外表不易区别。

图 11　鹩哥

三、生活习性

鹩哥在野生状态下多栖于印度、中南半岛、印度尼西亚，在我国云南南部、广西壮族自治区西南部及海南岛等地。适于南方的生活环境。鹩哥怕冷，喜欢安静，胆怯怕惊，喜洗浴善鸣叫，杂食性，但以各种野果种子和昆虫为食。

性成熟鹩哥在繁殖季节，发情成鸟表现不安，飞进飞出，不断鸣叫。雌雄鸟交配后，巢于树洞中，每窝产卵 2～4 枚，辉蓝色，有的具有斑点。鸟产卵前精神不振，翅膀下垂似有病态，产卵后即恢复正常。整个孵化期为 15～18 天，雏鸟约经 26 日龄出窝，1 个月左右雏鸟开始离开亲鸟独立生活。

四、笼具

鹩哥可用中型或大型竹制鸟笼饲养，一般用饲养八哥笼具饲养，笼内设有大型食罐（8 厘米×6 厘米）和水槽各 1 个，软食罐 1 个。栖木离笼底不宜太高。鹩哥是比较怕冷的笼养鸟，北方冬季及早春需加罩笼衣。

五、饲养管理

饲养鹩哥应从幼鸟开始饲养，最好选 6～12 月龄的幼鸟进行调教驯熟，并可放养。鹩哥取食软饲料甚多，家庭喂鹩哥饲料可以鸡蛋米为主，同时隔日加喂适量的大米饭、少量水果如苹果片、香蕉、葡萄和昆虫拌成软料。外加喂适量肉末、小鱼虾及昆虫等或以小鸡饲料为主。也可喂少量熟白薯、熟南瓜等，冬季和换羽期，适当增加苏籽的供给，饲喂量约占日粮的 1/10，每次饲喂量以 1 小时吃完为宜。

鹩哥胆怯怕惊，喜欢安静，因此不宜室外遛鸟，要饲养在环境温度 15℃以上的室内。鹩哥爱水浴，应选择无风、气温适合时间，将其移入水浴笼中，可每日供给浴水洗浴1次，以清洗嘴壳附着的残留饲料和体表及足趾的粪污。鹩哥为适于南方生活环境的鸟类，怕冷，因此，北方早春和冬天宜在无风、笼外加罩布或温度保持在15～20℃的室内饲养。由于鹩哥食量大，能排出大量的粪便，因此，需要及时清除残余饲料和粪便，夏季应日除2次，鸟笼每天洗刷1次，以保持清洁卫生。

六、调教和训鸟方法

鹩哥在笼养条件下应选择当年的幼鸟，在换羽期后进行调教，鹩哥容易调教和效仿人语，最好选6～12月龄的幼鸟进行调教。训练学人语必须耐心，训练时间应在每天清晨选择安静的环境，边教鸟说话，边喂它喜欢吃的蛋米和香蕉等食物，学会1句话后，再教第2句话。要耐心地进行调教。通常学1句话要7～10天。鹩哥经过一段时间训练以后就能模仿其他鸟类和动物叫声及简单人语。

七、繁殖方法

近年来鹩哥人工繁殖已获成功。种鸟放在较大型的笼箱内饲养。笼箱应分室内室外两部分，每部分高约1米、长约70厘米、宽60厘米左右。在室内笼上方设1个人工巢。人工巢为长方形，高40厘米、宽25厘米、长30厘米。两笼内均应设置栖木。鹩哥发情时精神兴奋不安，进出活动较多。雄鸟叫声音调比平时高，雌鸟双翅下垂，抖动频率很高，并发出响声，鸣声为"吱吱，吱吱"，而后追逐雄鸟。在雌鸟阵发性抖翅后交配。交配后雌鸟营巢时应提供稻草等营巢材料。雌鸟每窝产卵 2 ~ 4 枚，以每天或间隔 2 ~ 3 天产 1 枚不等。卵产齐后，雌鸟即开始孵化。孵卵期间，雌鸟除饮食，排便外不离开巢箱；雄鸟护巢，整个孵化期 15 ~ 18 天；超过 18 天后，雌鸟就会拒绝孵卵。1 对亲鸟每年可繁殖两巢幼鸟。

鹩哥育雏开始的半个月中是雌鸟用啄碎的面包虫喂食为主，半个月后雄鸟负责喂雏。雏鸟主食面包虫和其他昆虫伴以钙质及其他矿物饲料；亲鸟也将自食的饲料饲喂雏鸟。雏鸟约经 26 日龄以后即能出窝，1 个月左右雏鸟就能开始离开亲鸟独立生活。

第六节　松鸦驯养技法

松鸦又名山和尚、檀鸟等。分类属于鸟纲、雀形目、鸦科。在我国，除了极西的部分地区外，全国均有分布。松鸦是一种常见的笼养观赏鸟。

一、赏玩与经济价值

松鸦体羽色鲜丽，翅上外缘具有黑、白、蓝 3 色相映的斑纹镶嵌辉亮炫耀，嘴强直，其体态优雅多姿，其鸣声虽单调喧噪无音韵，但它能模仿其他鸟及猫、狗、鸭等畜鸟动物叫声，甚至还能模仿简单的人语。人们还可根据松鸦的特点教以"呷口"等技艺或用录音施教，以使松鸦的鸣声更加丰富多姿。因此，松鸦较受养鸟爱好者的钟爱。此外，春夏松鸦繁殖期等，能在山林中捕食大量的森林害虫如松毛虫、地老虎、夜蛾、天蛾、金花虫、椿象等害虫。仅在春播和秋熟季节危害农作物种子和成熟谷物。

我国人民笼养松鸦具有悠久历史，松鸦生活能力强，活泼温顺，不甚畏人，喜进食，易饲养。适宜家庭驯养观赏。

二、形态特征

松鸦体长约 32 厘米，头顶颈部和头侧红褐色，前额和头顶羽具有黑色纵纹，颧纹黑色。嘴强直，呈栗褐色，颏、喉浅淡近白色，下体羽色较上体略淡为葡萄黄褐色。通体大多呈栗褐色。翅及尾黑色，两翼外缘缀有辉亮的黑、白、蓝 3 色相间的块状斑，明显鲜亮。腰及尾下覆羽白色，尾羽中部略具灰色和黑色，尾羽等长，稍呈楔形，足趾肉粉色，爪端暗灰色（图 12）。雌雄性成鸟的体羽色相近，但羽色均稍显得暗淡一些。幼鸟的体色暗淡，羽呈绒黄褐色较明显。

图12 松鸦

松鸦的体型与羽色在不同生长地区也有差异，故有南松鸦和北松鸦之分。分布于我国南方的松鸦体形略大，嘴黑色、头顶无黑色纵纹，脚肉红色，上体羽色为葡萄棕色、翅羽有蓝黑相间的斑块；翅上次级飞羽基部无白色斑纹；而分布于我国北方的松鸦体形较小，羽色为较深的栗红色。头顶黑色纵纹较粗而显著，翅上白斑较大。

三、生活习性

松鸦是山林鸟类，栖息于山区针叶林或针叶阔叶混交林中，多单个生活，繁殖期常成对活动，秋后结群觅食，鸣声粗野而单调，杂食性，食物主要为昆虫。春夏秋和在繁殖期间捕食大量的树林害虫松毛虫、地老虎、蝗虫、尺蛾、蜻蜓、金花虫、夜蛾等；秋冬季主要以野生浆果、种子及春播秋熟农作物种子如谷粒为食。

松鸦繁殖期在4~5月，营巢呈杯状，筑于不太高大的乔木树枝或树顶和稠密阴暗的灌木隐蔽处，巢呈球状，巢外层由它衔的枯枝构成，巢内利用枯草、麻绒、苔藓和细柔草根和残羽毛片等物构成，每窝产蛋5~8枚，卵淡灰黄色，上有淡紫褐色或黄褐色斑点。由雌鸟孵卵，受精蛋孵化约17天孵化出雏鸟，两性育雏，雏鸟留巢育雏期为19~20天，以后离巢飞出。在我国除西藏自治区、新疆维吾尔自治区、青海省、内蒙古自治区外，分布遍及全国，主要产于南方各省。

四、选种与笼具

饲养松鸦一般捕捉雏鸟饲养或从幼鸟开始驯养，选养松鸦应选择个头大，体质健壮，精神饱满，不甚畏人的幼鸟饲养驯教效果好。饲养的笼具应用大型鸟笼，一般用喂养八哥的笼具。

五、饲养管理

松鸦在人工笼养状况下的饲料，以鸡蛋、大米为主，亦可喂饲米饭、苹果、香蕉、西瓜、番茄、熟甘薯或熟南瓜等果蔬，另外，每天要喂给它几条活虫，也可喂人工饲养的黄粉虫或熟虾、生碎肉等。松鸦的食量大，但笼内的食缸盛饲料不宜太满，否则它啄食时易撒落在缸外。夏秋季喂饲每日2次，冬春季只需每日喂1次即可。此外，每天需供给充足的清洁饮水。随着鸟体的长大，按幼鸟供给饲料不能完全满足鸟体对动物性蛋白质的需要，因此，还需要喂饲一些辅助饲料，每天应注意除尽笼内食缸中未吃完的饲料，防止饲料变质。

松鸦喜欢清洁，尤爱水浴，每日需供松鸦水浴1次，每次水浴时间3分钟左右，时间不宜过长，否则羽毛湿透会影响健康。夏季气温高，每日可水浴2～3次，一般在早、中午和晚上各洗1次，冬季要酌减，只有在天气晴朗时给它水浴，一般每周水浴2次即可。水温要适宜，一般保持在20℃左右，水浴后应在阳光下晾干羽毛，防止着凉。水浴时可把鸟换入浴笼内放入水盆中。天气寒冷，换羽期亲鸟在雏鸟孵化之后到离巢之前都不宜水浴，因为这样都会影响鸟体的健康。但还可以每隔2～3天给它洗足趾1次，防止足趾被鸟粪沾染而发生足趾脱落。同时每天要注意洗刷鸟笼和食饮缸，及时清除鸟粪，防止疾病。松鸦较耐寒，冬季只需放在室内不结冰的地方，雏鸟在笼内能生长得很好。

六、调教和训鸟方法

当雏鸟逐渐适应笼养生活环境后，养鸟者可将鸟笼放置野外林中或室外，这样不但给它增加户外活动，使它接触自然界，并呼吸新鲜空气，聆听其他动物的叫声，也使它熟悉周围的环境和饲养它的主人，容易消除怕人的恐怖心理，让它自由模仿其他动物，如鸡、猫、狗等的叫声，养鸟者可根据松鸦的特点训练其技艺，教以"呷口"等，例如调教可以学鸣唱和模仿学人的简单语言。训鸟时必须耐心调教，可以用语音循序渐进施教，经过精心驯养的松鸦鸣叫起来不受外界干扰。

第七节　金丝雀驯养技法

金丝雀亦称"芙蓉鸟"，又名白玉鸟，分类隶属鸟纲，雀形目，雀科。原产地非洲摩洛哥沿岸的加那利群岛和马堤拉群岛及亚述群岛。金丝雀是观其羽色和听其鸣叫兼有的高贵笼养观赏鸟之一。我国引进金丝雀约在 19 世纪 40 年代，在山东、河北、江苏等省，经当地饲养者培育，形成独特的品系。现在世界各国都有饲养。

一、赏玩与经济价值

金丝雀羽毛贴身而油亮，体型小巧玲珑，姿容优美，性情欢快，在笼内活动不止、精神饱满，从黎明到黄昏，终日鸣唱不已，鸣声清脆，婉转动听并能效仿其他鸟鸣叫，金丝雀是羽色"唱歌"兼优的笼鸟类。金丝雀的性格温和易于饲养。能使人心旷神怡，能消除疲劳和烦恼，陶冶情操，给家庭生活增添生活增添不少情趣。现在许多国家将其饲养为观赏鸟。

随着人们生活水平的不断提高，饲养观赏鸟的人越来越多。当你工作之余，赏其羽色之艳丽，听其鸣声之婉转，既可消愁解忧，又可陶冶性情，给家庭生活增添许多生机和乐趣，消除疲劳。

二、形态特征

金丝雀体长 12～14 厘米，体型细瘦、小巧玲珑、姿态优美，羽毛贴身而油亮。金丝雀原种羽色多为黄绿色，配上暗色纵纹。野生金丝雀通过人工饲养培育后，现已形成许多品系，其体形、羽色、品种变种较多。如良种金丝鸟辣椒红，其羽色变化复杂，有黄色、白色、橘红色、古铜色、栗褐色、淡黄色、橘黄色、柠檬色等羽色。在我国金丝雀以黄色、绿色金丝鸟的数量较多。我国约在 19 世纪 40 年代从国外引进，目前，仍在饲养的金丝雀主要是德国萝娜种（图 13）；国内山东、江苏等地饲养者培育形成的种有江苏扬州青芙蓉和山东黄芙蓉。前者体壮、鸣声激昂；后者体型纤巧、羽色淡黄、名声悠扬。比较而言前者比后者好。

金丝雀鸣声分为轻音和高音两类，一般轻音芙蓉鸟鸣叫

图 13　金丝雀

时口张得很小，喉部鼓得很大，鸣声婉转，颤音多转。罗娜芙蓉属轻音类，鸣声长而婉转，音调轻而悠扬，扬州类芙蓉和山东德州地区夏津县产的芙蓉鸟属高音类，优良芙蓉鸟鸣叫时嘴喙微张，声音在喉中鼓动，由微声转为高扬，高扬转为悠扬。雄鸟善于鸣叫，叫声悠扬多变，连续不断，雌鸟则不喜鸣叫，叫声单调，常是一声一声的叫，叫声难听。

三、生活习性

金丝雀畏寒怕冷，野生种类主要以植物种子和果实为食，兼吃昆虫和青饲料等。原产非洲摩洛哥沿岸的那利群岛，马蒂拉群岛以及亚述群岛，大量捕捉并加以驯养现代饲养种与野生种已完全不相同。

金丝雀 7～8 月龄性成熟，9～10 月龄达体成熟。每年 1～7 月繁殖，每窝产卵 4～5 枚，卵壳淡青色，有红棕色和黑色斑点，主要由雌鸟孵卵，孵卵期 14 ~ 16 天。雏鸟出壳后自己不会觅食，靠亲鸟喂养。

四、挑选良种

初养者应选择价格较低且易饲养繁殖的黄黑眼品种，若需要繁殖较多的良种金丝雀，如卷毛、辣椒红等，因其抱性较差，一般也应多养几只雌性的黄黑眼（山东/扬州金丝雀）作为保姆鸟为其代孵。金丝雀种鸟要选择羽色纯正、羽毛光亮紧贴、无杂毛、卷羽要求羽翻卷明显，菊顶要求大而整齐。要选眼睛明亮有神、脚趾完全无缺、肛门处干净无粪便，同时要选雄鸟鸣叫时不张嘴，声音婉转。有经验的一般要在饲养者手中选择种鸟，购回家中隔离观察 3 ~ 5 天后再放在一起饲养，并建立详细的品系、年龄、繁殖情况的档案。购买时间以春季或 10 月份以后为佳，因为 7 ~ 8 月份为换羽期，鸟体消耗大，较虚弱，突然的变换环境鸟极易感染疾病造成死亡。

五、笼具

一般单只饲养听其鸣叫的鸟用造型美的观赏笼，为了繁殖必须用繁殖笼。一般用大小规格为 45 × 30 × 30 厘米的方形笼，最好背后用三合板固定来保暖，底部加托板，以便清洗、消毒灭菌。笼中放栖杠 2 根。在笼上方一角放繁殖巢，繁殖巢为草或麻绳编制的碗状巢，巢中放干净的垫草或棉花。笼中放置浅一些的食槽、水槽，还有装沙盘、牡蛎或乌贼骨的槽。金丝雀最喜欢水浴，所以选择每天的中午让鸟洗浴。笼内放置稍大一点但不要深的水槽加温水放入笼中，待其洗浴完毕拿开。

六、饲养管理

金丝雀成鸟的饲料是小米或谷子、玉米粉、黄豆粉、白苏籽、菜籽等，这些饲料可根据实际情况选用，比例以8：1：1，换羽期比例以4：3：3搭配喂给为宜，为保持金丝雀健壮，一般在换羽、冬季、繁殖前或者体质消瘦时，还要按主食10%～20%的比例喂给熟鸡蛋、小米面、油菜籽、花生米等。还应喂鱼虾粉和一些烘干的鸡蛋壳，但不宜喂得过多，防止脂肪过多引起消化不良病症。此外，还要每天喂一小片洗净无农药残留的嫩菜叶，如鲜嫩白菜、鲜苦菜等。作为辅助饲料，金丝雀特别喜食苦菜，挂在笼内任其自由取食，此菜不仅能防治鸟拉稀，而且还能提供维生素。给金丝雀喂食要做到勤添、勤换，不断食同时每天不能缺水，断水2天就会死亡。

金丝雀的雏鸟需要吃蛋黄来补充营养。蛋黄含硫量的比例高，对长新羽有益，出壳后的5天内，要供应易消化的蛋粉，蛋粉是用熟蛋黄和粉料按1：2到1：4之间混合后，揉成粉。粉料可选用米粉、面粉或玉米粉或加工成蛋粉喂给鸟吃。但长期大量吃粉料，会使消化系统功能衰退，因此6～10天内，应逐渐由蛋粉改为蛋米，把熟蛋黄或加工成蛋米后喂鸟。饲喂蛋黄，应适时适量，如果蛋黄粉成分太浓，会引起雏鸟消化不良，从而导致拉稀和食欲减退，严重时就会死亡。离窝后的幼鸟吃太多的蛋黄，会使小鸟早熟，而妨碍其健康发育。换羽期间的鸟消耗大，鸟体虚弱，但营养过剩会使羽毛难以脱下，要等换羽的成鸟身上羽毛脱得比较多后，再让它吃蛋黄，已换好羽毛的鸟，再继续吃蛋黄和浓蛋米作催情用，如果催情不成，应及时恢复原来的普通饲料，经半个月后再作第 2 次催情。

金丝雀很爱清洁卫生，食具和饮具均每天清理，栖杠每 3 天洗 1 次。金丝雀一年四季均在饮水碗中供其饮水，饮水饮用后要及时更换清水。金丝雀爱洗澡，可保持羽毛清洁，可天天放水盆让其洗澡。冬季或温度较低时，可以 1 周洗 1 次，洗澡后羽毛从湿到干要保证温度在 15℃ 以上，以防金丝雀患气管炎和感冒、肺炎。同时沙浴也要清洁。春秋冬三季金丝雀喜欢每天在柔和温暖的阳光下晒 1 个小时，因为在阳光的作用下能使金丝雀神经兴奋，增强体内新陈代谢，体内维生素促进骨骼正常生长和卵壳的生成。但晒的时间过长会使羽毛褪色。夏季不能直接放在太阳下暴晒，为防中暑，可把鸟笼放荫暗处或室内人工照明（电灯）下可伏窝繁殖。夏季夜间要用笼套罩住鸟笼，防止蚊虫叮咬。发情、交配、孵蛋和育雏期间的金丝雀，要特别注意安静，严防惊吓，要把育雏笼安放在能避风雨，透光线，干净清洁的墙壁上悬挂起来，以利于亲鸟孵化和育雏。冬季应将鸟笼移入室内饲养，并放阳光充足处，阴雨天在室内要有一定的光照。在窗外的鸟笼，要当心寒风与雨淋而引起疾病，受寒会使雄鸟停止鸣叫，细心地时时观察它的动态，发现有委靡不振，厌食现象，应及时治疗。有的金丝雀自己会开门，在给它喂食、加水、清洗时必须扣住笼门，决不能忘了关笼门，不然就会飞掉。

七、繁殖技术

●（一）雌雄鉴别●

刚出窝的金丝雀幼鸟，两性羽毛相同，单从外观难以鉴别雌雄。但过了2~3个月后，雄鸟腹部狭小，生有尖形肛门突起（泄殖腔突）呈锥形，而雌鸟的腹部呈卵圆形，肛门大而平。鉴别时用手将鸟提住，吹起肛门周围的羽毛即可鉴别。这是鉴别雌雄的主要特征。还可从小鸟外形上看，雄鸟头形、躯体略大于雌鸟，尾羽长，头顶喉部各有一块黑色斑纹，眉文金黄色，背羽暗绿色，腹部淡黄色，全身羽毛光泽美丽。雌鸟个体较小、尾羽短、头部较尖细，头顶及全身羽黄色较浅。另外雄鸟善于鸣叫，常仰头鸣唱，鸣啭时喉部鼓起，上下波动，带着颤音连续不断、柔和动听；雌鸟较少鸣叫，且鸣声单调难听。

●（二）繁殖方法●

金丝雀7~8月龄性成熟，9~10月龄达体成熟。选择亲鸟时，要选择10月龄以上，2年以下的青年雄鸟做种鸟，雌鸟为1年左右。金丝雀繁殖期一般在3月初到6月末。我国南方气温高，在11月份至次年6月份为金丝雀的发情期，冬季室内也可配对孵化。配对最好是选取2~3年的雄雀配1岁的雌雀或用2年的雄雀配以年龄较大的雌雀为佳，并以一雌一雄或两雌一雄、三雌一雄配对为佳，否则往往因雌鸟同时发情而影响受精率，而且多雌一雄孵出的小鸟比一雌一雄孵出的小鸟体质弱、个体小、成活率低。发情期雌雄鸟合笼后20～30天即表现发情，雄鸟鸣声高亢不停，动作活泼；雌鸟也表现比平时行动敏捷，特别是春天发情期，雌鸟乱窜，雌雄鸟交配开始衔草筑巢，是产卵的预兆。现在的金丝雀有许多都是在室内的人工照明（电灯）光下，伏窝繁殖的蛋的受精率会大大提高。

当雌雄鸟交配成功后，雌鸟开始产卵。亲鸟会自行营巢，此时应在笼底放干净的巢草或棉花。营巢结束后2～4天，此时一般应将雄鸟拿出，避免雄鸟频频交配而影响雌鸟产卵或踏破蛋壳。雌鸟在清晨产卵，第1窝一般每次产2枚蛋，以后每窝可连产4～6枚。当生下2～3枚卵后开始孵化，为了使雏鸟同时出壳，可用小勺轻轻的将生产下的蛋逐个取出，放在5～10℃的地方（置于干净的棉花或小米中，要尖头向下、钝头向上放置）待产到第4枚后，再一起放入巢中。金丝雀孵卵由雌鸟担任。在此期间只需供给粟米为主食，以青菜、芝麻、碎面包为副食，并增喂些贝壳粉或蛋壳粉和清洁饮水。孵化期15～18天（南方一般15天内孵化出雏，北方18天内孵化出雏）。

●（三）雏鸟的饲养●

刚出壳的雏鸟全身赤裸无毛，眼睛紧闭，十分怕冷，所以应适当调节室内温度，保持在25℃左右，以防小鸟在雌鸟离巢进食时受寒，也可在巢边安装白炽灯照明，光照强度以15瓦为宜，既可加温，又便于夜间亲鸟饲喂雏鸟。

雏鸟出壳后，应换好饮食，一般用煮熟的鸡蛋2只取其蛋黄，用少量温开水调稀，加入适量炒熟的玉米面（或不带奶油的蛋糕）搅匀，放入食槽中，雌鸟把吃下的蛋黄吐出喂给雏鸟吃。另外，除供应足够的软食外，还应供应充足的白苏子、新鲜的（必须经过半小时以上浸泡）青菜，以油菜为佳。一般25天左右雏鸟可以站在窝内讨食，约50天左右，雏鸟离巢独立生活。这时把雏鸟取出人工饲养，人工饲养雏鸟要掌握好固定的时间，一般1~2小时饲喂1次。

第八节　黄雀驯养技法

黄雀又名金雀黄鸟，金雀，亦称芦花黄雀等。分类属于鸟纲、雀科，是一种我国北方民间笼养较易驯养的玩赏鸟。

■ 一、赏玩与经济价值

黄雀是人们喜爱的观赏鸟类，很适合家庭饲养，在我国民间具有悠久的驯养历史，鸟体娇小、活泼灵敏，羽色艳丽鲜亮，性情温顺，易驯养，除换羽期外，整天鸣叫，一年内鸣歌可达8个月，鸣声柔和，并带一点急颤音，悠扬动听，又喜模仿别的鸟叫，所谓"三大口"黄雀，其鸣叫的基本上是喜鹊、沼泽山雀和油葫芦3种鸣叫声。如杂有其他鸟的叫声，常被认为是杂音，但培养一只真正"三大口"黄雀较难。幼黄雀俗称"麻鸟"，笼养容易驯熟，而主要是因为它刚出巢不久，还没有学会老鸟或其他鸟的鸣叫，最珍贵，笼养幼鸟容易驯养训练学到一些表演技艺，活动给人情趣和消除疲劳。

江湖人利用笼养黄雀叼出签牌给人看相、拆字、算命，并称它是"卜卦鸟"，这种鸟第 1 次叼出来的签牌，放回牌堆里混合后，它第 2 次又能很准确的叼出来，于是人们便感到这鸟真的会给人算命。其实，是骗人钱财。养鸟人每天用香酒和糖浆泡过的米粒喂给它，经过个把月以后，鸟便对香甜的气味特别敏感。这时卜卦人把每张签纸一面，涂上甜酒或糖浆，另一面保持清洁。给人们衔牌算命的时候，首先摊好签纸，有甜酒的一面都朝上，鸟儿可以在里面随意叼一张，当把这张签纸放回牌堆里混合时，卜卦人便把这张涂有甜酒的一面和其他签纸清洁的一面相对而合，并向上摊开，这样，当鸟儿第 2 天抽签时，便能根据香甜的味道，把刚才那张签纸再叼出来，百无一失。所以，卜卦鸟只是贪嘴，并不会算命。至于签牌上写的话，都利用汉语会产生歧义、双关、谐音的特点，那签语含糊其辞，加上卜卦人善于察言观色，揣测心理。然后话里套话，使你听了觉得很"灵"。

二、形态特征

　　黄雀体长约 12 厘米。羽毛较艳丽，成鸟体羽黄绿色而具褐黑色的羽干纹，翼部灰黑色，缀有鲜黄色的花斑（图 14）。雄鸟头顶大都黑色，颏部和喉部中央有一黑色斑块，眼前后有黑色短条纹，体背多为橄榄

图 14　黄雀

绿色，下体大都灰绿色；雌鸟头顶灰绿色，喉部灰色斑纹不明显，体色较淡，上体微黄，有暗褐色条纹；下体几近白色，全身杂有褐色纵纹。雏羽还未脱换的鸟、离巢不久还未学会成年黄雀或其他野鸟叫的、部分换羽的幼雄黄雀（麻鸟）与雌鸟很相似难以区别，已基本似雄性成鸟。雌鸟头顶杂以褐色条纹，上体羽背暗绿色，腰部具鲜黄绿色色斑，下体羽鲜黄绿色，肋部有黑褐色纵纹。

三、生活习性

黄雀多栖息于平原或山麓树林间柳、榆、松柏树顶端，黄雀食性杂，在野生条件下主要以植物果实和种子如松、杉球果种子、嫩芽及杂草种籽、谷物和蚜虫等昆虫为食，黄雀有结大群迁徙习惯，到我国沿海地带越冬。边飞边鸣叫，直线飞行很快，也有少数为山区的冬候鸟，每年春秋季迁徙途经河北、山东、江苏、浙江等地。

夏季黄雀在我国内蒙古、东北地区繁殖，繁殖时，营巢于松树、杨树及其他密叶树的高树枝上，巢呈深杯状，由草茎纤维、草根、羽毛等缠绕而成。每窝产卵 4~6 枚，卵壳呈淡蓝色，杂以淡棕色或紫色斑点。卵由雌鸟孵化，孵化期约 11~14 天，孵化期间雄鸟外出觅食喂养雌鸟，待雏鸟出壳后，由雌雄鸟共同育雏，但以雌鸟为主给雏鸟喂食。

四、挑选良种

人工饲养黄雀，人们选购雄鸟喂养，因为雄鸟才能鸣叫出婉转动听的歌声，而雌鸟只会发出单调的叫声。选种应选择尖细，灵敏爱叫，身腰长，尾长而健壮，鸣声婉转动听，不畏人，爱活动，反应敏捷可训练表演技巧的优良品种。幼黄雀容易驯熟，因为刚离巢不久没有学会成年黄雀及其他鸟鸣叫，经精心喂养，能培养成"呷"，对于在笼中乱扑乱飞或呆立呈病态的鸟不宜购买。

五、笼具

饲养雄黄雀要有专门精致的黄雀笼。其种类较多，以美观大方，鸟儿舒适为好。一般多用漆竹圆筒或紫藤编成笼，大小直径28厘米，高21厘米，条间距1.2厘米，条粗0.2厘米，底板为木板封闭，有3厘米高的底圈，铺布垫比铺沙美观，同时使鸟舒适卫生。笼中放精制的细瓷食、水罐各2个及大道木或花梨木栖杠。

六、饲养管理

黄雀在自然界主要吃赤杨、桦树、榆、松等针叶树种子。家养黄雀可喂其喜欢吃的苏籽、花生、核桃、葵花籽等油料作物的种子。新捕捉来的黄雀，诱食可喂些苏籽，饲养两周后可逐渐改换混合粉料。配方是6份玉米面，2份花生米，2份苏籽混合研细成粉料，并添加适量鸟类添加剂及少量叶菜。平时若能喂黄粉虫及其他昆虫更好。冬季如能在笼内挂一个去壳的核桃仁任其啄食，会使黄雀羽毛更为丰满艳丽。如果长时间喂苏子等油料作物种子，往往因羽毛不能脱换，所以要减少油脂性饲料，同时鸟越来越肥而失去鸣声，幼黄雀体弱嘴嫩，消化能力差更需要精心喂养，食料和饮水要清洁充足。

饲养黄雀的适宜环境温度为 8~18℃。在家庭中饲养可置于居室，并保持环境安静、清洁、通风。北方笼养黄雀，在冬季，需置于背风朝阳户外环境，这样利于接受新鲜空气。春夏季需要每日或隔日供其浴水洗浴，洗浴时间长短视气温及天气情况酌情掌握。夏季置凉爽地方，南方还要防蚊虫叮咬，同时要每周清刷鸟笼和食水用具防止疾病，喂养方法得当，驯养良好的黄雀大约可笼养 8~10 年。

七、调教和训鸟方法

黄雀的训练要从幼鸟开始，小鸟适应能力强，记忆力好。黄雀自幼生活在各种善鸣的鸟类和昆虫的自然环境中学会很多很杂的鸣叫声，笼养黄雀要驯养调教无杂乱鸣叫必须选养从刚离巢不久的雏鸟羽毛还未脱换，尚未开始鸣唱的幼年雄性黄雀（即"麻鸟"）开始驯养调教。"麻鸟"与雌鸟甚相似，难以识别雄鸟；但部分换羽的幼黄鸟除头和脸部残留黑褐色斑点（俗称"麻头"或"麻脸"）以外，体色已基本似雄性成鸟，容易识别。衡量黄雀的优劣查标准是调教黄雀学会 3 种虫鸟的叫声 [即灰喜鹊，沼泽山雀（即红仔）两种鸟鸣叫声和一种大型昆虫油葫芦鸣叫声]。有人称为笼养黄雀的"三大口"，模仿其他鸟则认为不是好鸟。调教黄雀"三大口"的训练时间以每日清晨为佳。一般清晨手提装黄雀笼，到灰喜鹊和绍泽山雀栖息树林中去遛，并打开笼罩听到这两种鸣叫声来引导幼黄雀鸣叫，夏秋季口袋装着油葫芦小笼不时发出鸣叫让幼黄雀学叫。也有自家专养灰喜鹊"呷"黄雀的。为了不使幼黄雀杂口，训练叫口时要与其他鸟隔离，防止学其他鸟叫。装黄雀笼一般不挂在院内，挂在不让它听到杂鸟鸣叫的地方，幼黄雀驯养良好，经过人精心训练后，每年可以鸣唱 6 ~ 8 个月。同时还可调教训练一些技巧表演，每完成一个动作就给一次喜食的食物奖励，一只训练有素的黄雀可在栖木上蹦跳，并作衔取道具，动作熟练后，可以连续衔 4 ~ 5 种工具表演多种技艺，形成条件反射。

第九节　红嘴相思鸟驯养技法

红嘴相思鸟又称五彩相思、红嘴玉、红嘴绿观音。分类属于鸟纲、雀形目、画眉科。是人们喜爱的名贵笼养观赏鸟。

一、赏玩与经济价值

红嘴相思鸟为驰名中外的名贵笼养鸟，羽衣华丽鲜艳，体形娇小玲珑，动作活泼灵巧，姿态优美，性格活泼，常一刻不停的活动，鸣声响亮，优美动听，但它鸣叫比其他鸟音韵少，又不善于模仿其他鸟及动物叫，只能听其本口。可成对饲养，雌雄形影不离，它们于笼中相互偎依、梳理羽毛的种种表现十分亲昵，当人们看到时，会给人们恩爱白头感觉，增添许多乐趣。相思鸟一旦丧偶，另一只孤寂，甚至绝食，思念丧偶。被人们视为爱情象征，在东南亚各国人们视作为结婚志喜馈赠朋友的珍贵礼物。此外，红嘴相思鸟食杂性、易驯熟。在外贸及生态学的研究中，有一定的使用价值。是国内外市场需求量很大的笼养观赏鸟，近些年由于过度捕捉，使自然界中红嘴相思鸟的数量锐减，因此，必须采取有效措施保护资源和进行人工养殖。

二、形态特征

红嘴相思鸟体长 14 厘米左右，体形伶俐，羽色鲜艳。头部橄榄绿色，雄鸟嘴呈鲜红色，脸部淡黄色，额和喉羽至胸部黄色或橙黄色，背羽橄榄绿色，胸部赤橙色。腹部苍灰色，两翼羽色彩艳，具有明显红黄色翼斑。尾具小叉，尾上覆羽很长，灰绿色，中央有白色半月形花纹。脚呈黄色，雌鸟嘴暗红色，脸部发灰，雌雄鸟的羽色相近似。年龄可从嘴上区分。老鸟嘴全红，幼鸟嘴基部多呈黑色，头部宽阔嘴颜色鲜艳（图15）。

图15　红嘴相思鸟

红嘴相思鸟雌雄的羽色相近似，通常选一雄一雌两鸟同笼，因此鉴别雌雄很重要。雄鸟嘴颜色鲜红，雌鸟嘴颜色暗红，嘴尖部色泽较淡，基部黝黑，喉部黄色。雄鸟头部宽阔，而雌鸟头部则窄狭。雄鸟身体修长，雌鸟身体短圆；雄鸟羽色比雌鸟漂亮。雄鸟鸣声好听为双音，婉转动听，雌鸟仅为"吱、吱"的单调叫声。

三、生活习性

红嘴相思鸟野生多生活在我国长江流域、西部和南部平原到海拔2 000米山地的常绿阔叶林、混交林中的灌丛或竹林中，成对活动。胆小，宿则相互依偎，红嘴相思鸟除极少数为留鸟外，一般都是随季节周期性进行1年两次移居，迁徙的路线是比较稳定的，迁徙时分散个体结群。夏居高山，冬居低山，秋冬和初春季节常成对在竹灌藤及刺丛中穿梭活动和觅食。此鸟为杂食性，食物以昆虫和植物的种子和果实为主，由于此鸟消化快食量大，粪便多而稀软。

每年繁殖2次，每年4~8月为繁殖期，营巢于沟谷向阳一面的矮树上。红嘴相思鸟巢呈杯状，由竹叶藤须、植物纤维及松叶等筑成。每窝产蛋3~5枚，卵呈绿白色或浅蓝色，并有灰色或淡紫色粗斑。孵卵由雌雄亲鸟双方轮流担任。红嘴相思鸟分布于我国长江流域以及南部如江苏、浙江、安徽、四川、江西、福建、云南等地。印度等国也有出产。

四、选种与笼具

笼养红嘴相思鸟选种不仅要鉴别雌雄鸟，而且要选择身体健壮活泼、动作灵活，尾皮深而端外展在笼中活动不停，但不撞击鸟笼，爱鸣叫，音质好的个体。无残缺且姿态伶俐优美，头部羽毛齐全且羽色鲜明，羽色艳丽无浅色斑，嘴鲜红，胸部亮红色深。根据红嘴相思鸟的个性和习性，选用四川地区的一种立方鸟笼较合适饲养红嘴相思鸟。立方笼的规格为 26 厘米 × 26 厘米 × 30 厘米，为了排粪方便下托粪板，高约 3 厘米，条间距 1.8 厘米，条粗经 0.25 厘米，亦可用金丝雀笼饲养。鸟笼内要设置食、饮缸（可用金丝鸟用的腰鼓形的陶瓷缸）。

五、饲养管理

红嘴相思鸟可以单只饲养，但相思鸟顾名思义以成双配对，笼养以成对饲养为好。这是因为红嘴相思鸟一般不学其他鸟的叫口，只听本口无需遛"呷"。成对饲养可以互相呼应，容易鸣唱。另外，雌雄成对的相思鸟同笼饲养时，在笼中比较安全，不会乱扑腾和烦躁不安。红嘴相思鸟野生鸟胆小怕人，初入笼后开始对笼中生活不适应会急躁不安，在笼内乱窜想逃飞出笼，因此要注意加强观察，并用深色衣罩笼顶遮光使鸟不见到光线，并将笼挂在安静处，经过一段时间使鸟安静下来以后逐渐把鸟笼衣揭开，并以与人接触再提鸟笼到室外遛鸟。以其嗜吃的松毛虫、蝗虫、皮虫等昆虫诱食或喂些鸡蛋、大米或玉米面 50%、黄豆粉 20%、熟鸡蛋

10%、蚕蛹粉或鱼粉10%、苏籽10%，配成粉料，并辅以青菜和新鲜水果和一些黄粉虫等活虫。在春天发情繁殖期混合成粉料配方是玉米粉30%、黄豆粉30%和熟鸡蛋20%、鱼粉或蚕蛹粉10%，苏籽10%粉搅匀，适量喂一些新鲜蔬菜瓜果。红嘴相思鸟喜欢吃浆果和各种昆虫及其幼虫。在换羽期适当增加蛋黄、钙质和昆虫，为了使相思鸟体羽红色不褪色，民间有人喂胡萝卜粉和红色瓜果等饲料放在食缸中让其自由叼食，并保证有充足的饮水。由于红嘴相思鸟的消化道较短，食物消化快，食量大，排粪多。每隔2~3天应清刷鸟笼栖杠和食、饮用具。同时将红嘴相思鸟笼挂在路边或屋檐下进行日光浴，可以不断给鸟新鲜刺激使之兴奋。红嘴相思鸟极爱水浴，应每日进行1次，要控制水温在30~35℃，并用小而深的水罐给它水浴，这样可以防止污染饮水和把水扑洒干而渴坏了鸟。寒冷冬季应置于室内或避风向阳处。浴罐内要用温水，以防受寒发病。如果发现互相啄食羽毛，应及时将两只鸟隔离开来，并改善饲料供应，否则，会大大影响观赏价值。经过一段时间隔离饲养后，再将两只鸟放在一起饲养并注意是否有啄羽的毛病。对相思鸟目前无法在笼中进行人工繁殖，笼养鸟是由野生鸟驯化而成。

第十节 红喉歌鸲驯养技法

一、赏玩与经济价值

红喉歌鸲又称红点颏，俗称红脖。分类属于鸟纲，雀形目，鸫科，歌鸲属，是我国的传统笼养鸟。

红喉歌鸲羽毛华丽，雄鸟善于鸣叫，声调优美悦耳动听，颇似流水音，叫口中常有虫鸣，故成为人们喜爱的笼鸟。它的成鸟和幼鸟都可以调教养殖，同时红喉歌鸲为食虫益鸟类，对农林业有相当益处。红喉歌鸲饲养难度大，饲养的好，价值高。

二、形态特征

红喉歌鸲体长约 16 厘米，尾较长，跗蹠部长而光滑，初级飞羽第 1 枚较短小，雄雌近似，但雄鸟体羽大部分为纯橄榄褐色，各羽中央略呈深暗色，赤红色的颏和喉部红斑大而整齐，色彩鲜艳有光泽，甚为明显，眼上有一白色眉纹，胸部浅褐色，两肋棕褐色，腹部白色，微沾灰褐色，在迁徙途中或越冬地捕到的雄性幼鸟已近似雄鸟，但褐色翅上复羽有淡棕色缘，俗称"膀点"易识别（图 16）。雌鸟颏喉部为污灰白色，体羽近似雄鸟，但无雄性鸟所具有的彩色班带或十

图 16　红喉歌鸲

分暗淡，胸部呈沙褐色，眉纹和颧纹呈棕白色，不甚明显。

三、生活习性

红喉歌鸲系野生种类，常在平原繁茂树丛和沼泽地带活动、栖息的鸟类，尤喜在草丛和芦苇间活动食虫，主要是食直翅目、半翅目椿象科，膜翅目蚁科等昆虫，也觅食少量种子和果实，喜水浴。夏季迁徙到我国华北、华东，而在越夏时它就到了"换羽期"，在换羽期间很少鸣叫，羽色也不美丽了。红喉歌鸲成鸟在春季生殖腺已开始发育，每年春末夏初再向东北迁徙，到了我国华北和西北地区繁殖。迁徙时经我国东部到西南一带，到了我国东北、华北、西南和西北地区繁殖，或为旅鸟。

红喉歌鸲每年 4~6 月繁殖，营巢于茂密灌丛、草丛隐蔽在地面上，巢由杂草建成，呈椭圆形，每窝产卵 4~6 枚，卵呈长椭圆形，卵壳绿蓝色，钝端有模糊的红色斑点。孵化期 14~16 天。从幼雏出壳后留巢哺育约 2 周时间离巢觅食。

四、饲养管理

红喉歌鸲的幼鸟适应性比较强，易于调教养熟，秋季捕到多为当年的幼鸟，这时天逐渐凉爽，喂养较容易，一旦喂熟就可在冬春两季鸣叫。春季捕到的成鸟正从繁殖地迁徙，生殖腺已经开始发育较难驯养。饲养不当，趾和爪最易脱落。喂养红喉歌鸲粉虫等，驯养后的饲料主要用"歌鸲一般用肉和黄粉料"（俗称客食面），可以自己配制。粉料配制方法：

以绿豆面（蒸熟）4份，玉米或小米面2份，黄豆面（蒸熟）1份，熟鸡蛋黄2份，淡鱼粉1份，混合均匀后，再在每千克粉料里加入"多种维生素及微量元素添加剂"0.3克软料和水，换羽期应补充维生素、微量元素和"活食"，有助于换羽、脱换新羽也漂亮，每天换新，每2~3日洗刷食具1次。为了帮助该鸟换羽、脱羽、并使新羽漂亮，夏季清晨去草丛中骟"搭露水"，羽毛脱齐，红喉歌鸲爱水浴，如不控制会使其全身羽毛湿透而寒颤，因此冬季水浴要防止受冻。饲养不当，趾和爪最易脱落。

五、调教和训鸟方法

新捕到的野生鸟十分烦躁，抓笼擦尾不停且拒食。因此不但必须扎翅（捆膀）和喷水法制止急躁，还需把整个尾羽尖端捆上。把"捆膀"的鸟放入笼中用笼套罩上，保持环境昏暗，尽量少惊动，使鸟安静后用虫诱填等方法，迫使它采食。无论是春天捕捉到的成鸟或是秋天捕捉的幼鸟，其叫口基本已定，红喉歌鸲在鸣叫盛期，除白天正常鸣叫外，最好每天让它在灯下鸣叫1~2小时，否则，夜间会烦躁不安，俗称"闹笼"。

第十一节　黑头蜡嘴雀驯养技法

黑头蜡嘴雀又称铜蜡嘴雀、梧桐，俗称大蜡嘴。分类属于鸟纲、雀形目、雀科，为我国所产雀科鸟类中一种大型家

庭饲养观赏或玩赏的鸟类。

一、赏玩与经济价值

黑头蜡嘴雀羽色朴素美观，姿态活泼，嘴粗圆锥状蜡黄色的强厚、坚实有力，鸣声较单调，声大而洪亮，似哨音婉转动听，非常悦耳。黑头蜡嘴雀易驯养，经过驯养调教能表演放飞、学会叼物、空中衔弹等技艺，为人们增添情趣，给人带来欢乐，使人精神愉快，有利健康。是一种人们喜爱的家庭饲养观赏或玩赏的鸟类。黑头蜡嘴雀性情温顺，易驯养，饲料简单，也能增加经济效益。

二、形态特征

黑头蜡嘴雀，体长 20 ~ 21 厘米，体重约 70 克，是雀科中的大型鸟类，喙呈粗圆锥形，粗大短强而厚，蜡黄色，故得名"蜡嘴"（图 17）。到了春季从喙基开始逐渐变为铅青色，到了秋季又转为蜡嘴色。雌雄鸟相似，头、颊和颏、翼和尾均辉黑色；头颈的侧面及上体羽背有白斑，喉胸部和腹侧两肋均呈浅灰褐色，腹部中央灰白色，尾羽部的长羽和中央尾羽呈黑色，而具光泽，外侧尾羽灰黑色有光泽，跗蹠、趾、爪黄褐。雌鸟形似雄鸟，头部灰褐，喙粗大而厚；呈蜡黄色，但上体羽浅灰褐色，鸟身褐色较多。翼羽白端较狭，尾羽大都褐灰而具黑端。

图17　黑头蜡嘴雀

三、生活习性

黑头蜡嘴雀生活在平原、山区，栖息于不高的山坡乔木林间，春秋季大群地集结于树丛、地边林子里活动，以野生植物杂草和桧柏种子、果实和嫩芽为食，也食昆虫，尤其喜欢吃麻籽、苏籽等油料作物种子。平时鸣叫不多，到了繁殖期，其鸟鸣声大而洪亮，婉转动听。

黑头蜡嘴在每年5～6月繁殖，巢多筑在树上，呈深杯状。产卵呈乳灰白色或乳灰蓝色，并有黄色和褐色斑，每窝3～4枚。分布于我国东北的东北部地区，繁殖、旅飞经华北、长江流域到湖南南部、福建、广东和贵州等地过冬，为冬候鸟。

四、笼具

饲养黑头蜡嘴雀笼养或架养均可，由于此鸟体型大嘴粗壮坚实而强厚，坚实有力，因此，笼具宜大而坚固，笼内的食、饮缸罐要求坚固和大而深。常用笼大小可用八哥笼，一般具高度48厘米，直径36厘米，条间距2.2厘米，条粗0.4厘米。笼底因需垫细沙，故笼底要求封闭。为了调教技艺，多用"脖锁"套住其颈部，拴在架上饲养。饲养此鸟宜用硬木栓架，最好用黄杨木或果树枝干为材料，长40～50厘米，直径1～1.5厘米。栓架的一端要用耐磨的尼龙线系住，松紧要适度。鸟栖息处12厘米长的一段要用线密缠，便于鸟栖息。

五、饲养管理

新捕入笼饲养的黑头蜡嘴雀野性较强，易受惊，不习惯笼中架上栖息，总是要飞，捕获初期，或调教学技艺时，可用麻籽、葵花籽等诱食，使鸟习惯于笼养。黑头蜡嘴雀的食料主要是植物种子、果实、嫩芽。尤其喜欢吃松子、麻籽、苏籽、葵花籽等含脂肪多的饲料，但每次喂饲一定要控制饲喂量，不宜喂得过多，一般一次喂量不可超过日粮总量的10%～20%。如果喂量过多易使鸟体过肥而影响脱羽，甚至造成死亡。平时日粮喂鸡蛋小米和喂些蔬菜、水果和带种子的水果核类饲料，或喂给配合饲料：玉米面3份，花生米粉1份，苏子1份共研合；也可喂稻谷、小米、稗子和少量青菜和苹果等。到繁殖期，需每周增加喂一些虫类，每天需供给饮水2次。饲养环境要安静，就能生活得很好。

六、调教和训练方法

黑头蜡嘴雀的成鸟野性大，一般较难驯化成功；幼雀接受能力强，所以调教要从幼雀开始，经过细心调教反复训练即可学会如"打蛋"、"叼钱"等技艺。用于调教技艺的鸟最好第一步训练站杆子架养，杆子长约50厘米，直径2厘米，一般生鸟不愿上架，必须耐心训练。将蜡嘴雀系于其上训练它站杆子。用1米长细绳扣住鸟脖子上的猢狲圈，要坚固，松紧要适度，不能勒鸟颈。新捕获的野鸟才开始不习惯长时间栖息于架上，性情急躁乱窜乱扑，因此，上架时脖线要短，防止鸟缠绕或挂住别处而吊死。

调教初期白天要拿架或一旁看守，鸟飞下而上不去时要立即托上架，并用少量麻籽、葵花籽等含脂肪多的诱食。这时可根据鸟体的体质和天气情况采用水将它羽毛喷湿，让它受冷和饥饿，此时它只顾梳理羽毛，无暇飞扑，几次后就站杆，并老实进食了。但采用此法应注意鸟体的体质和天气情况。一旦用架养，不宜给鸟"捆膀"，以防发生吊死。鸟认食和习惯架上生活以后，即可将饲料合手中引诱它在杆上走动，并伴以固定手势动作和口令，接着训练它起飞接食吃，逐渐加长距离，脖线逐渐放长，直至最后去掉脖线，俗称"叫远"，为它学技艺打好基础。接着进行第三步教鸟技艺训练蜡嘴鸟抛食，可将饲料如小米、谷子或葵花籽、苏籽、麻籽和几粒骨质丸俗称"弹子"混放在手中喂鸟。弹子可用玻璃制成，直径不能大于5厘米，当鸟1粒1粒叼住吞咽，遇骨质丸吞不下去便吐出来，养鸟者用手接住，这时连续赏它几粒麻籽以示奖励，以后每天都这样反复训练，鸟不但能吐出叼住骨质丸交给主人手，甚至根据脖线的长短，鸟能叼住抛在空中的弹子，最后解除脖线，如此逐步训练，蜡嘴鸟就会"打蛋"了。按"叫远"的训练方法，开始用葵花籽引诱，用手喂时夹杂着1分硬币，经过每天数次这样反复训练，鸟可学会"叼钱"，但鸟叼扁的物体要比叼圆的困难。调教蜡嘴鸟当它每做出1个动作都应给予一点食物奖励。但偶尔有1～2次失误，也要给予奖励。如训练时做错动作应采取一定的处罚手段，如给予训斥，并轻轻拍打它或关在黑暗地方停食半天，把它"禁闭"并受饥惩罚；如果驯养几只，可让它看其他鸟领赏吃食来刺激它。当它学会做训练动作时要轻轻抚摸它，帮它梳理羽毛等，给予精神上鼓励。经过几次训练，它会站在杆子上听主人指挥，不会飞扑。在逗引诱食调教训练蜡嘴雀时，应用右手从背后下手捉，并速用右手拇指掐住喙基部，以免被蜡嘴雀啄伤。当蜡嘴雀啄人手时，可将生姜片塞入雀口内，给它受辣处罚，经过几次口辣教训，以后它就不会啄人手了。

第十二节　七彩文鸟驯养技法

别名五彩文鸟、胡锦鸟、五彩芙蓉，分类属鸟纲、雀形目、梅花雀科，分布于澳洲北部及附近岛屿，是一种羽色极为艳丽而又珍贵的观赏鸟，在国内外市场很受欢迎。

一、赏玩与经济价值

我国于 20 世纪 80 年代末由国外引进，目前，已繁殖出大量的七彩文鸟。七彩文鸟经人工饲养培育，目前已培育出 20 多个品种。其中，高档品种有黄背红头白胸彩文鸟、黄背黄头白胸彩文鸟、黄背灰头白胸彩文鸟、黄背白头白胸彩文鸟、黄背红头紫胸彩文鸟、黄背黄头紫胸彩文鸟、黄背灰头紫胸彩文鸟、黄背白头紫胸彩文鸟、绿背红头白胸彩文鸟、绿背黄头白胸彩文鸟、绿背白胸黑头彩文鸟等。稀有品种有蓝背白胸黑头彩文鸟、蓝背紫胸黑头彩文鸟等。这些鸟因其羽色艳丽，数量稀少，特别珍贵，在国际市场上它的价格是普通七彩文鸟的数倍。但最常见的主要有红头、黑头、黄头的七彩文鸟。

（1）红头七彩文鸟头：脸颊为玫瑰红色、雄鸟胸部为深紫色、雌鸟胸部颜色稍浅，雄鸟头、脸颊部红色较雌鸟稍宽。

（2）黑头七彩文鸟头：脸颊为黑色，是红头七彩文鸟的变种。黑头七彩文鸟与红头七彩文鸟相交配，产生的中间种，头、脸颊多为赤黑色。

（3）黄头七彩文鸟头：脸颊为深黄色。

二、形态特征

体长约 11 厘米，全身羽色共有黄、红、玫瑰红、蓝、绿、黑、紫等 7 种颜色。上体绿色，下体黄色，头、脸颊部为玫瑰红色或黑色或黄色，嘴乳白色，尖端为粉红色，后额为蓝色，一直延伸至颈下形成环状，下颏黑色，后颈及背为绿色，胸部为葡萄紫色，腹部为淡黄色，腰部及尾上覆羽为海蓝色，尾羽黑色，尾下覆羽白色，跗跖、趾为肉粉色（图18）。全身羽毛七颜六色，羽衣华丽，姿态优美，叫声轻柔，婉转悦耳，颇受人们的喜爱。

图18 七彩文鸟

三、生活习性

野生的生活于林缘和村落、农田附近，常栖息于开阔的林地及草原。成群活动，食物主要是植物种子、果实和少量嫩芽，巢营于树上，呈壶状。

四、饲养管理

七彩文鸟原产热带，体型较小，适应能力较差，不耐寒，适于高温度环境生活。室内温度应保持在20℃左右，繁殖期成对饲养，宜用大小为 35 厘米×30 厘米×30 厘米的箱式组合笼。

七彩文鸟需要较严格的管理。每天必须更换清洁的饮水，在添喂饲料时应先把食罐内的饲料壳吹去，保证饲料充足，保持笼具的清洁卫生。经常对室内和笼具进行消毒，要保证室内空气新鲜，光照充足。

七彩文鸟的日常饲料主要以稗子、谷子的混合料，（比例为 3：1）喂给。每天喂给少量青菜，日常也应供应牡蛎粉、黑鱼骨等钙质饲料，尤其在繁殖期不能缺少。

五、繁殖方法

成年的七彩文鸟雌雄很容易鉴别。雄鸟羽色较雌鸟艳丽、尤其雄鸟胸部为深紫色，而雌鸟胸部颜色浅淡，幼鸟的雌雄难以鉴别，长到 3~4 月龄换羽后的幼鸟开始跳杠时就很容易区别了。七彩文鸟的繁殖方法如下。

第一，选择配对。七彩文鸟生长到 5~6 个月龄可作为繁殖种鸟进行选种配对。在选对时应选择同品种的雌雄鸟进行交配，以利于本品种的延续。但要注意不能近亲交配，以同品种、血缘远、体格壮为选种配对的原则。作为种鸟繁殖应作好繁殖记录，以利了解种鸟的产卵、孵化、育雏及卵受精情况。对出壳的小鸟应套上脚环，并建立详细的品种、出生日期等谱系记录，作为以后选种配对的依据。有条件的可按"老公配小母"的原则配对，以提高产卵的受精率。

第二，催情产卵。七彩文鸟可终年产卵繁殖，但通常在秋季8月底开始繁殖为好。8月中旬开始加喂蛋小米以利催情，补饲墨鱼骨等钙质，少量加喂油菜等蔬菜。笼内加设巢箱，絮好巢材。雌雄鸟共同营巢后，雄鸟经常在巢箱内鸣叫，此时雌鸟进出巢箱活跃，雌雄鸟在巢中进行交配。所以，人们一般不易看到。交尾后1周左右产第一枚卵，每窝产4~6枚卵，孵化期为17天，有时因温度变化可提前或推迟一两天。如果不是本身孵化和育雏，一对种鸟可产卵60枚以上。

第三，假母孵化。由于七彩文鸟孵化及育雏本能的退化，养鸟爱好者一般采用保姆鸟十姐妹（白腰文鸟）作假母代孵较理想。白腰文鸟母性强，育雏能力很强，代孵效果也很好。保姆鸟的产卵日期与代孵卵的日期应相同，最多不能差2~3天。方法是把七彩文鸟所产的卵逐个放在干净的棉花或小米中，等全窝的卵产齐后把白腰文鸟的卵取出，换成七彩文鸟的卵。白腰文鸟代孵期间停止喂蛋米，待预计雏鸟出壳前三天可开始加喂蛋米。

第四，育雏。七彩文鸟雏鸟的嘴两侧有美丽的粒状纹两条，嘴边各三粒似钻石在黑暗的地方闪闪发光的"珠子"，这种"珠子"是区别七彩文鸟与白腰文鸟的标志。对亲鸟来说，能很快确定雏鸟的位置，便于喂食。育雏时应充分供给蛋小米和部分青菜和钙质，雏鸟饲养正常20天就能出窝，站在栖架上或笼底，追着向假父母乞食。有的自己也学着吃食，但仍是假母喂得多。开始几天有的雏鸟晚上不能自己回窝，应注意由人把其放入巢内。生后50天左右对于体格壮的雏鸟可与亲鸟分居，但对于体质较弱的雏鸟只要假母不赶，仍应继续同亲鸟生活一段时间。这样可使雏鸟发育得更好，如果发现假母中途发情产蛋，弃雏鸟不喂，应及时由人工饲喂。有条件的可将被弃雏鸟直接放入比其出壳晚的雏鸟窝里，由新假母继续饲喂，但饲喂雏鸟的数量不宜太多。有的养鸟爱好者为提高繁殖率亦采取合窝育雏鸟的办法，取得了满意的效果。合窝的时间以晚上为宜，此时雏鸟吃饱又与新假母在同窝生活了一夜，气味不好分辨。第二天照例把全部雏鸟喂饱，这样合窝就成了。

第五，运动换羽。七彩文鸟50天左右的雏鸟与假母分笼后，应放入大笼子里让其充分运动以增强体质。此时应减少鸡蛋米的供给，饲料以谷子和稗子为主，适当地喂些油菜。但不可过多，不然会引起拉稀，对鸟健康不利。七彩文鸟的雏鸟独立生活时背部和翅膀呈绿色，腹部灰色，样子像小黄雀，养鸟爱好者把这时的雏鸟羽毛称之为"胎毛"。胎毛脱落即换羽后就变成美丽的七彩文鸟，七彩文鸟由雏鸟变成美丽的小鸟要经过4个月的时间，有的养鸟爱好者把饲喂七彩文鸟的换羽称之为"过关"，换羽阶段的七彩文鸟体质较弱，应精心照料。一是室温最好不低于18℃；二是饮水中适当加喂维生素；三是发现有的鸟生病要及时提出单独饲养；四是每天少量喂些蛋小米，及时补充钙等矿质元素；五是注意笼内清洁卫生，及时清除粪便和消毒；六是室内要通风，但不能窜风，最好把换羽的鸟放入空间大的箱笼和用塑料布三面封好的运动笼。总之，七彩文鸟换羽成活率是衡量养鸟水平的重要标志。

第十三节　沼泽山雀驯养技法

沼泽山雀，别名红仔、仔仔红、小山雀，属鸟纲、雀形目、山雀科，分布于黑龙江、吉林、辽宁、河北、河南、山东、山西、江苏、陕西、甘肃、湖北、四川、云南等地。

一、赏玩与经济价值

沼泽山雀（红仔）主要为北方的笼养鸟，南方很少饲养。在北方饲养的百灵、云雀、黄雀等鸟的鸣叫里都有红仔的叫口。它那轻柔、婉转、多变的鸣叫很有趣。好的红仔能有6～7个叫口。故可以说红仔是所有鸣鸟的"教师鸟"了。红仔的叫口多少和圆润程度是有地区差别的。有河北、山东、山西、河南红仔之分，其中河南红仔叫口多，声音圆润好听。

二、形态特征

体长12厘米，成鸟头顶、后枕为黑色，头两侧白色，上体沙灰褐色、下体灰白色，颏、喉黑色，胸、腹和尾下覆羽浅褐色，翼和尾灰褐色（图19）。雌雄同色，外

图19　沼泽山雀

表很难鉴别。

三、生活习性

栖息于山区、平原的阔叶林或针阔叶混交林,在城镇、公园都能见到,平时成对活跃在树枝间,性活泼,常在树上觅食,秋冬结成几只到十几只的小群,有时与白脸山雀、煤山雀等混群。食物主要为鳞翅目、鞘翅目、膜翅目和双翅目的昆虫及其幼虫、卵和蛹,也吃少量的植物种子。

3~5月为繁殖期,营巢于树洞中。巢材由苔藓、蕨类、草茎等构成,内垫兽毛、鸟羽等。年产1窝,每天产1卵,每窝4~6枚卵。卵呈乳白色,具红褐色斑点。孵化期为14天,育雏期为16~17天。雌鸟孵化,雌雄鸟共同育雏。

四、饲养管理

饲养红仔的笼具主要以圆笼为主,方笼也可以。比较讲究的笼具应是封底的圆笼。

1. 饲料

红仔以软食饲料为主,用玉米面或鸡用混合饲料加熟鸡蛋黄,每500克粉料加4~5个鸡蛋黄、50克生花生米粉搓匀。另外,经常喂些水果、青菜,还可喂些面包虫等活的动物性饲料。在换羽季节把核桃砸开两半让鸟自行啄食,也可捕捉活的蝉撕开喂。

2. 日常管理

红仔胆小怕惊,对新捕来的鸟应捆膀(把双翅最外侧的四五枚飞羽交叉在腰部，用棉线绳系住）饲养，罩上笼罩并以面包虫放在软食罐中诱食。平时应避免惊吓，否则会出现仰头、摆头（俗称颤头）的现象。每天更换新鲜的饲料和饮水。把吃剩下的水果、青菜捡出，以免水果腐烂变质，1周清理1次笼具。红仔较喜欢水浴，夏季应经常水浴。

五、调教和训练方法

新鸟买回，要罩上笼罩，并悬挂在高处。除了添食、换水以外尽量不要打罩。罩上笼罩，主要目的是给他"憋性"。另外，还可以起到不分散精力，使它专心鸣叫的作用。2个星期后，可以开始打罩。初期可以在早晨把笼罩底边上卷两指宽左右，半个小时候放下。随后，笼罩可以每天上卷越来越高，时间逐渐加长。从开始打罩一直到完全去掉笼罩，保守点的做法是掌握在3个星期左右。时间可以从最初的半个小时一直到2个半小时。等到完全适应后，可以每天打罩8个小时左右，上、下午各1次，每次4个小时，中午要罩上让它休息。每天定时打罩让其鸣叫。

第十四节　红胁绣眼鸟驯养技法

红胁绣眼鸟，别名粉眼儿、绣眼儿、白眼儿、竹叶青等，属鸟纲、雀形目、绣眼鸟科，繁殖于我国黑龙江、吉林、辽宁。在河北北部、甘肃西南部、陕西南部、河南、山东、江苏、浙江、四川、福建、贵州、云南等地为旅鸟，在云南南部及以南的地区越冬。绣眼科共有3个种，另两个种为暗绿绣眼鸟，灰腹绣眼鸟。

一、赏玩与经济价值

绣眼鸟不甚怕人，鸣叫有高、中、低3种音调，"歌词"有多种，带水音、有虫鸣，特别是叫"伏天"（一种蝉鸣）的被认为是上品。日本有绣眼鸟鸣叫比赛，评分标准多依据一次鸣啭的长短、音韵、音调，或者在一定时间内鸣啭的次数。因此，绣眼鸟有很高的观赏价值。

一双美丽的白眼眶：绣眼鸟别名很多，大多数离不开"眼儿"。暗绿绣眼鸟，又名绣眼儿、粉眼儿、白眼儿、南粉眼、白目眶、金眼圈、绣眼相思鸟、青丝、地瓜鸟等；红胁绣眼鸟，又名红胁粉眼、绣眼儿、北粉眼、紫燕儿，竹叶青等。绣眼有一双迷人的绣眼，它眼睛周围的白绒羽，像用白丝线绣成的圆环，将绣眼的眼眶圈住，从而形成了既鲜明整齐，又十分清晰的白眼圈，所以被称为"绣眼"鸟之美名。

一身墨绿色的羽装：暗绿绣眼鸟的上体羽毛呈墨绿色，为整个鸟体的主色调，从外表看，好像一位少女披上了一件绿色的海虎绒的外套，十分夺目。

千姿百态的表演动作：绣眼鸟生性活泼，有多种跳跃动作的天赋。

悦耳动听的鸣唱：雄绣眼鸟的鸣唱十分优雅入耳，吐音轻柔而细腻，鸣声犹如细雨绵绵，而显音韵多变。雄性绣眼鸟鸣唱有高、中、底三种音调，其音调之中还有稍带颤音，声音很近似于"淇——久——淇淇、""滑儿、滑儿、滑儿"等双音，闻听后有令人心旷神怡、陶醉其中之感觉。

绣眼鸟很有趣的是，它有一种特别的生理功能，对于鲜红色和芳香味特别偏爱。因此，捕鸟人常常利用绣眼的这种特殊嗜好，将扶桑花及香蕉等放在笼里作为诱饵。

二、形态特征

红胁绣眼鸟体长约 11 厘米，全身大部绿色，腹部为白色，胁部为栗红色，眼圈红色，颏、喉、颈侧及前胸为浅黄色，胸部两侧灰色，尾下覆羽浅黄色（图20）。

图20 红胁绣眼鸟

三、生活习性

栖息于果树、柳树等阔、针叶树上及灌木、竹林间。繁殖期成对活动，其他季节时常结小群窜飞于树枝间，在近树冠的枝叶间觅食，嗜食毛虫、甲虫、蚜虫、天牛、蝗虫、蛾蝶类等，也吃少量的果实、种子和花蜜。

四、饲养管理

绣眼鸟容易饲养，不太怕人。对新捕的生鸟可在常备粉料中加水和成粥状，上边放几条活面包虫引食，或者在切开的熟红薯、水果上边撒上粉料，使生鸟认食，认食后还要喂一段时间的粉料。

绣眼鸟因消化道短，食物通过快，适于供给甜的易于消化的饲料。软料一般以玉米面或鸡用混合料加熟鸡蛋黄或生花生米粉各半，再加5%的糖搓匀作为常备饲料。每天适当补充一些面包虫、水果和熟的红薯。绣眼鸟以软食为主，所以水罐、食罐每天要刷洗，尤其水罐要经常更换新鲜的饮水。因绣眼鸟排便多，每天要清理1次笼底，每周要彻底刷洗1次笼具。绣眼鸟极喜欢水浴，夏季应每天给它水浴，春秋季节水浴时要注意天气情况。水浴后立即进行日光浴，使羽毛干松，以免受凉感冒。为了防止鸟在水罐中水浴，可在水罐中放一块海绵。家庭饲养绣眼鸟可观赏其美丽的羽色和活泼的体态，其叫声高中低三种音调俱全，极是好听，而且还能在灯下鸣叫，更招人喜爱。

五、繁殖技术

雌雄同色，但雌鸟胁部的栗红色不及雄鸟那样深，小而淡，略呈黄褐色，嘴肉褐色，下嘴基部肉色，脚铅蓝色。每年 4 ~7 月繁殖，巢小而精致，筑在阔、针叶树的树枝上，离地面 0.8 ~2.1 米。巢为吊篮式，由细嫩枝、棉花、杂草等构成，内衬细草根、松针、羽毛等。每巢产 3 ~4 枚卵，卵呈天蓝色，孵化期 11 ~12 天。

六、调教和驯养技法

绣眼鸟的调教并不是一件简单的事情，得从绣眼的挑选、对鸣练唱等基础做起，并且需要养鸟者有一定的耐心。

●（一）调教方法●

1. 挑选绣眼的教师鸟

主要看两个方面。第一，要求教师鸟的素质优良，鸣唱时行为端正，姿态规范。第二，要求教师鸟鸣声纯正，音韵丰富，音调高而长，啭鸣次数多，时间长。一旦教师鸟选定，初学的绣眼鸟就要拜它为师，在名师传、帮、带的作用下，持之以恒，绣眼鸟便能学会师傅的鸣唱本领。

2. 对鸣练唱

春天的绣眼鸟，尤其是进入繁殖期的雄鸟，鸣唱非常频繁，而且其叫声婉转悦耳. 清晨一打开笼罩，便马上会听到鸟儿的鸣唱，那是表示希望有只未配对的雌鸟能同它组成一对，建立一个家庭 [这也是求爱的一种表现，尤其是在旁边有只雄鸟（竞争对手）的话，两只鸟相互不甘示弱，啭鸣会进入高潮。用这种方法调教绣眼鸟鸣唱，是最能发挥出绣眼鸟的鸣唱水平的。

3. 鸣唱训练的注意事项

（1）集中精力学唱：正规的训练，不能轻易打开笼衣，而只是将门帘的一边掀开，不让鸟东张西望，必须要保证鸟儿集中精力学习和练习鸣唱。

（2）禁止鸟儿面对面鸣唱：绣眼鸟在一起练唱时，应将鸟笼的笼衣放下遮掩，不让两鸟面对面地鸣唱。因为，进入繁殖期的雄鸟有占区的习性，为了能尽快地得到异性的芳心，它是不希望在自己的领域内出现竞争对手的。如果两只雄鸟相互照面，它们便不会有什么风度可言，这样会使鸣唱的质量发生逆转，切记！

● （二）绣眼驯养技法 ●

驯养绣眼鸟使用的是专用的绣眼鸟笼，鸟笼有板顶笼和亮丝顶笼两种区别，按其尺寸的大小则有大，中，小 3 种规格。板顶笼一般都用它养雏鸟，跳枝，原毛等幼鸟，或用它装野性较大尚未服笼的生鸟。亮丝顶笼用以装驯养成熟叫鸟，然而不管是板顶笼还是亮顶笼，都要配置白色或淡蓝色的笼衣。

（1）回笼训练。先室内后室外。达到举笼发出口令即回。

（2）鸟站姿训练（生头也可）。鸟比较稳的：手端鸟笼举至与头平行，慢慢地往高抬，然后稍快一点往下落，不断重复。鸟不稳的：像遛画眉一样前后轻轻摆动。开始可能掉下杆，直到无论快慢都能牢牢地站在杆上。然后突然停止摆动，举起与头同高。如不动继续举着，想蹦马上甩动。直至举着人围观也不动为止。

（3）野外放飞训练。找一个方圆 100 ~ 200 平方米的孤树林，树不能高了，1.5米左右。3～4只鸟为好，只放一只（最好是母鸟）。母鸟不会乱跑。开门先喂一条白面包虫，然后叫它自己在群笼附近玩儿。10多分钟后拿虫盒找它，慢慢地引诱它上手。达到渴了知道回笼，饿了知道找主人为止。然后让它做教师鸟带公鸟。一只一只带。一公一母放飞，公鸟一般不叫。可以偷偷地把母鸟召回入笼。公鸟在外面找不着母鸟，就会站在高处大叫。看见鸟不叫了，把母鸟放出把公鸟带回。鸟对于不熟悉的环境是不会乱飞的。以后慢慢地进高树的地方。小鸟没玩够的时候，不愿意回笼。一定要耐心等待。这说起来简单，其实是需要时间的。红胁绣眼的站姿是每天3个小时经4个月的时间才训练成功的。母鸟是放飞了2年才会带公鸟的。也不是每个鸟都能训练成功的。

第十五节　黄鹂驯养技法

黄鹂又名黑枕黄鹂、黄莺、黄鸟、仓庚等。分类属于鸟纲、雀形目、黄鹂科。为我国传统的笼养观赏鸟之一。

一、赏玩与经济价值

黄鹂鸟体羽色鲜黄艳丽，枕部黑羽色深，被古人赞誉为"金衣公子"。鸣叫声清脆，悠扬婉转动听，音韵优雅，颇受人们的喜爱。我国有唐代大诗人杜甫《绝句》中"两个黄鹂鸣翠柳，一行白鹭上青天。"还有大诗人杜牧《江南春绝句》中"千里莺啼绿映红，水村山郭酒旗风。"等等赞美诗句。人们喜爱黄鹂不仅是因为它有金衣美羽和鸣声清脆悠长音韵优雅的歌喉，以及我国民间听黄鹂鸣叫能判断天气变化习惯（如黄鹂发出类似猫叫的声音，是晴转阴的征兆，若是发出长啼般的叫声，则是阴雨天气转晴的预报），而且因为黄鹂嗜吃害虫，成为森林卫士。近年来各地绿化长廊已建成，被砍伐的森林复生，国家禁猎鸟类，还有很多的森林招引黄鹂等食虫鸟来灭虫，保护森林不受害虫危害，所以，每到春末夏初，又听到了歌喉流畅清脆悠扬的黄鹂的叫声。所以在风景区有的景点名为"柳浪闻莺"，有的森林公园盖有"听莺楼"。

黄鹂在我国热带亚热带的地区为留鸟，但在长江流域及四川、甘肃、陕西、内蒙古自治区及东北黑龙江流域分布的黄鹂为迁徙性鸟类（夏候鸟）。我国劳动人民长期对黄鹂迁徙时间观察，写出"春筑新巢春正温，莺迁乔木日初长"的对联，赠给乔迁之喜，以表示对盖新房的祝福。也有人为了秋冬季节也能听到它在鸣叫，给人感觉又回到春、夏的美好时光。并能观赏黄鹂，将此鸟家庭笼养或制成生态剥制标本，不仅自己观赏，还人工大量养殖黄鹂供应国内外市场的需求。

二、形态特征

黑枕黄鹂，体长约25厘米，通体金黄色，雄鸟头部两侧通过眼周直到枕部有一宽阔的黑色贯眼纹。嘴粉红色，枕部黑羽深，背部羽色金黄而有沾辉绿色光泽，或胸肋有斑点。翼羽大部分黑色而发亮，尾长稍圆，呈黑色，余部大都为黄色，尾羽黑色（图21）。除中央一对外，羽端均黄色，最外侧一对仅在羽毛基。

图 21　黑枕黄鹂

雌鸟羽色与雄鸟相似但羽色较暗淡，背部黄中带绿色，下体有黑色纵纹，但色泽较为暗淡，不如雄鸟鲜艳。跗蹠和趾灰蓝色。幼鸟类似成鸟，但头部无黑纹，上体较呈黄绿色，下胸、腹中央近白色，腹部有黑色条纹直至第 3 年才逐渐消失。

三、生活习性

黄鹂为树栖鸟类，生活于山麓、丘陵、平原或村庄附近的乔木树林间或疏林中。树栖乔，性活泼，喜集群活动，主要以昆虫为食，嗜吃毛虫之类以及鞘翅目和膜翅目昆虫，也吃一些杂草种子，夏末也吃部分植物果实和种子，尤其在育雏期，捕食大量梨星毛虫、天蛾幼虫、蝗虫等。叫声 4 声 1

度，颇似"黄丝散拉！黄丝散拉"；雌鸟叫声单调。

黄鹂每年 5～7 月为繁殖季节，营巢于高大阔叶树枝杈间，巢呈深杯状，悬挂近树稍，而有的营巢于远离树干的水平细枝上，呈吊篮状，风吹摇摆。外层是木棉絮、麻细草茎之类构成，巢里是细软的纤维、棉絮、草茎等。巢的边缘牢固缠绕在树的桠枝上。每窝产卵 2～4 枚，有时 5 枚，卵呈椭圆形，淡玫瑰红色，散布有米红、紫褐和黑色斑点，卵壳不很光滑。主要由雌鸟孵卵，孵化期 13～15 天，留巢一般 14 天。广泛分布于我国东部各省，华中、华北等地也有分布，每年 8～9 月小群离开繁殖期南迁至温暖地区越冬；但此鸟在我国云南、海南岛和台湾省生活的为留鸟。

四、饲养管理

野生黄鹂成鸟饲养较难，黄鹂的饲养以捕捉巢中的雏鸟饲养为好，新捕获鸟胆小易惊，往往在笼中惊恐不安，到处飞扑。为了使它尽快能适应新的人工饲养环境，避免它飞扑不安，撞笼而损伤羽毛，饲养前期需将鸟捕获后放入 25 厘米×20 厘米×15 厘米的长方形矮板笼内，笼的正面用竹栅做成透光的笼底为亮底，但下有托粪板遮光。笼顶及其余三面均用木板钉住（板壁有通气孔）饲养，需要将鸟笼放置光线较暗处、保持安静环境，并以它嗜吃的活粉虫及其他昆虫诱饲。刚入笼的野生黄鹂一开始往往有拒食现象，可在饥饿时用它嗜吃的昆虫等食物去诱食，使它产生食欲后自食；若引诱开食不成，应及时采取人工填食。填食时以左手握住鸟，右手食指及拇指用鸟爱吃的肉丝及黄粉虫或其他昆虫等食物逗引鸟张嘴，待鸟张嘴时，将左手嵌入鸟嘴，把食物迅速填入，待它吞咽后再填第2次食物。但有的鸟不肯张嘴，可用手将鸟嘴伸入水中（鼻孔不能浸入水中，防止水呛肺致死），让其慢慢仰头饮水，使它张嘴后填喂，每日填入4次。填喂时要求动作轻缓小心填饲，并要防止鸟挣脱逃飞。一般经过5～6天填饲即可诱食饲养。如果继续拒食还应继续实行诱食填食，直到它自动啄食缸内食料为止，否则容易饿死，每次填食后应让鸟饮水。

黄鹂待驯熟后，性格比较温和，再转入玩赏竹笼内驯养和诱食饲养时，鸟适应笼中人为的生活条件，喂给黄鹂雏鸟活虫（如黄粉虫等昆虫）和人工混合饲料容易成活。混合饲料配方成分是熟蛋黄一只、玉米粉100克、碎虫、碎肉、豆粉和少许钙片等混合调混成稀粥状。换羽期间，人工饲料主要是玉米粉、豆饼粉、熟鸡蛋，还应增喂动物饲料，如瘦肉，瓜果如番茄、西瓜、苹果及少许鱼肝油、维生素 B_1。诱食时可与填饲相间进行，逐渐减少填食的次数和食量。诱食倒入笼内食缸内，表面放几条面包虫，使它自己啄食，同时水缸要盛多种它爱吃的食料和清洁饮水。培养其自食自饮的能力。并经常观察其自食自饮情况，随时调整喂食和喂水的次数和食饮量。一般每只幼鸟每天喂食量60克，供饮水2～3次即可。平时鸟笼挂于通风的高树枝上，让它到大自然中呼吸新鲜空气，使它鸣叫更换。黄鹂爱清洁，要给它水浴。冬季严寒要注意防寒保暖，将鸟笼置于室内，室温不能低10℃，选择晴天将鸟笼挂在室外避风向阳处，给它一定时间的日光浴。

在饲养过程中，笼具每日需要清洗，粪便及时清除，保持鸟体与笼具清洁。食缸的残余食物每日要清除，水缸中的饮水每天需要换水。防止被鸟食饮后致鸟生病。选择晴天将鸟笼挂在室外避风向阳处，给它一定时间的日光浴，利于保持鸟羽鲜艳。

黄鹂鸟现在仅作观赏鸟笼养，家养难以繁殖。

五、调教和训练方法

黄鹂鸟对季节变化特别敏感，啼叫是春夏季节，夏季的白昼长而冬季白昼短，夏季的白昼长，为了一天明亮时间也较长，使黄鹂鸟提早鸣叫，将竹笼和关在笼内的黄鹂一起装进笼桶中，并在前面的屏风部分装上灯泡。到了11月左右，每晚将灯一直开到晚上9点钟，所以，一天之中明亮时间也较长，让黄鹂误以为春天来临便提前开始啼叫。黄鹂鸣叫时间提前后，需要增给营养，以增强体质，避免鸣叫时间过长而能量消耗过多损伤鸟体。

第十六节　太平鸟驯养技法

太平鸟又名"十二黄""黄连雀"。分类属于鸟纲、雀形目、太平鸟科的中等体型的笼养鸟类，其鸟体羽毛美丽，体姿秀丽，鸣声悦耳，是人们喜爱的晚上鸟类，可以人工饲养为观赏鸟类。

一、赏玩与经济价值

太平鸟是人们喜爱的玩赏鸟，它的羽色艳丽，体态秀美，特别是头顶棕红色羽冠艳丽，能由后向前竖起，当竖起羽冠跳跃别有情趣，加之鸣声时高时低，快慢有度悦耳，为我国东北、华北的冬候鸟。北方冬季冰天雪地，能观赏这种候鸟更给人们的生活增添乐趣。雌雄太平鸟虽羽色相近，都较艳丽，但雄鸟羽色比雌鸟好看，且鸣声比雌鸟鸣声好听，更有欣赏价值。为了保护这种鸟在自然界种群的数量，应尽量少捕捉，可进行人工饲养。

二、形态特征

太平鸟体长约 20 厘米，前额羽色棕红，头由后向前竖起形成明显的一簇柔软的羽冠，形长而尖。上嘴基部至眼后方有一条黑色斑纹，颏和喉部黑色，通体灰褐色，至腰转为灰。两翅黑色斜贯黄色和白色斑纹，次级飞羽端呈鲜红玫瑰色，尾羽先端黄斑色为蜡状。尾羽 12 枚，黑色而末端呈黄色，故称"十二黄"。体羽灰红色至灰褐色。雄鸟羽毛呈灰红色，雌鸟羽色则相对暗淡，近灰褐色（图22）。

图22　太平鸟

另外有一种小太平

鸟，体形近似太平鸟但稍小，尾羽末端红色，故又名"十二红"。

三、生活习性

太平鸟常成群栖息于松树林中活动，有耐寒怕热的习性，群鸟共鸣，叫声时高时低，快慢有度，秋冬季节群集生活，食性杂，食物主要是松子浆、果实和种子，野生喜食黄楸、绣球花等果实和桧球果，也吃少量昆虫。此鸟为东北华北的冬候鸟或旅鸟，繁殖在亚洲西伯利亚东南隅、北美北部；在我国境内，冬季迁至日本及我国北部的东北地区、内蒙古自治区、华北自治区、山东及长江一带，亦见于江苏、福建、云南等地。也有迁至西南和西北地区。

太平鸟繁殖期在 6 月，营巢在不太高的针叶树枝间，巢呈碗状，由树枝、苔藓、枯草等构成，内铺软草和羽毛。每窝产卵 4~7 枚，卵呈灰色或青灰色，有黑褐色斑块。由雌鸟孵化，孵化期为 14 天。约经 14 天，雏鸟出壳留巢，由亲鸟哺育约 14 天，幼鸟离巢，营独立生活。

四、种鸟的挑选

引购太平鸟选成鸟驯养要求鸟体健壮、羽色鲜艳富有光泽，鸣声勤快，音质较好的鸟。

五、饲养管理

太平鸟可置于画眉鸟笼内饲养，一般刚捕获的太平鸟很快能接受喂给的饲料；对笼养开始不取食的鸟，可用已驯熟的鸟诱引，能很快自己取食。为了有利其生理营养所需，饲养太平鸟常用饲料的种类组成比例是玉米粉3份、绿豆粉1份、蒸蛋米1份，研细混合后加水调湿，并另加些熟甘薯、南瓜、胡萝卜及柔软的水果饲喂。我国北方饲养太平鸟时，用玉米面加糖10%，或玉米面、甘薯面各50%蒸制成窝头喂食。夏季宜增喂清火的绿豆粉与鸭蛋，还要增喂一些水果。将水果小片插在笼内的食插上任鸟自由啄食。因为鸟体换羽期营养消耗量大，全身毛孔疏松，容易招致风寒和细菌侵入。换羽期间加强对太平鸟护理是养好太平鸟的关键，太平鸟换羽期护理不好，会出现精神委顿，戗毛拒食，甚至会导致死亡。此期应将太平鸟置于安静处加强营养，使之尽快恢复换羽。饲料配方宜用绿豆粉或玉米粉7份、蛋黄4份、水果1份，还需增喂一些钙质饲料，如骨粉或蛋壳粉等，以及水果和去除农药污染的青菜。为了使太平鸟羽色鲜艳，在饲料中增喂色素饲料（胡萝卜片、红辣椒拌几滴麻油）。太平鸟在发情期应增加蛋黄含量以及提高绿豆粉、拌蛋黄比例。混合饲料配方是：绿豆粉7份、蛋黄5份、水果1份，外加适量活虫（如黄粉虫、蚱蜢）及瘦肉丝的喂食。此外，笼内应备有沙盘，以供鸟啄食细沙，有助于消化食物。太平鸟贪食，并且食物在消化道内存留时间甚短，排泄物中有未被消化的饲料。由于它有能吃能拉的特点，喂食要充足，防止太平鸟饥饿时形成自食自粪的不良习惯。同时每天要进行清除笼内粪便和刷洗笼具1次，防止太平鸟饥饿时形成粪便自食自粪和污染鸟体。

太平鸟耐寒、怕热，北方冬季饲养时应保持室温5~10℃；当气温升至15~25℃时，夏季要将鸟放置于阴凉通风处，不能晒到太阳，冬季将鸟放置于避风向阳处。同时太平鸟甚喜水浴，夏季每天洗浴1次，春、秋季2~3天洗浴1次，冬季每周洗浴1次。

太平鸟在笼养条件下尚无繁殖记录。

六、调教与训练方法

太平鸟虽是生性不畏人容易驯养的鸟类，但对刚入笼饲养应放下笼衣，将鸟笼置于光线稍暗处，使其安静下来，经过一段时间接触，与人相熟以后不再畏人时即可不用笼衣。人们观赏太平鸟的艳丽羽毛和秀美的体姿，可将其上架饲养，并采用下设承粪盘的直棍架。饲养调教太平鸟也要进行遛放，可以隔2~3天遛放1次。为了使太平鸟鸣声能"叫远"，可用其喜食的松子、柏子等诱食，逐步增加距离，使之会向主人"叫远"。

小太平鸟的饲养和调教方法与太平鸟基本相似，在这里就不再赘述。

第十七节 鸳鸯驯养技法

鸳鸯俗称鸳鸯鸭。分类属于鸟纲、雁形目、鸭科的观赏珍禽。雄鸳鸯羽色艳丽，雄雌鸟形影不离，一种象征着甜蜜的爱情，人们常作为庭院观赏鸟成对饲养。

一、赏玩与经济价值

鸳鸯具有较高的观赏、肉用和药用价值。我国仅一种，其雄鸟羽毛比雌鸟羽毛鲜艳华丽，头具羽冠，眼后有白色眉纹，翅上有一对栗黄色的扇状直立羽。由于此鸟羽毛艳丽，是观赏价值很高的庭院饲养鸟。鸳鸯在水中生活，在配偶时成双成对，繁殖后代。雌雄鸟常成对出没水面嬉水，因而我国民间文艺创作和诗歌，常引以鸳鸯作为甜蜜的"爱情"和"友谊"的象征，因此常引以为祝贺，标志新婚者形影不离，白头偕老。鸳鸯皮质透气性好，柔软度高，厚度大，可制成优质皮革；其绒毛厚而密，保暖远胜鸭绒。鸳鸯瘦肉丰富，肉质细嫩香脆味美，营养丰富。据明代李时珍《本草纲目》书中介绍鸳鸯肉"可强身美容，增强性欲，可治痔疮、肛漏、下血不止、疥癣、梦寐思慕"等。据测定：鸳鸯肉、肝和蛋中富含蛋白质，分别为27%、28.4%和18.4%；含有多种氨基酸；脂肪含量分别为2.4%、2.6%、1.5%。由于鸳鸯脂肪含量比鸭肉、鸡肉低，皮下脂肪层薄，常食具有滋阴壮阳、保肝益智、祛病健身的功效，故受到消费者欢迎。随着人民生活水平的提高，在发达地区和城市高档餐馆已把鸳鸯肉当作美味佳肴，造成自然界鸳鸯资源的减少。故鸳鸯已列为国家保护动物，严禁猎捕。鸳鸯适应性强，易饲养，经过人工驯养后其性情温顺不怕人，耐粗饲、善觅食，可小群放养或大群圈养，以满足国内外观赏鸳鸯及其生态标本和膳食上的需求。

二、形态特征

鸳鸯为中小型鸭类，体长约 43 厘米。雌雄鸟羽色不同。雄鸟，羽色鲜艳华丽，头部羽冠在额部和头顶中央为金属翠绿色，并带金属光泽；枕部为金属铜赤色，羽毛与后颈为金属暗紫绿色长羽组成羽冠；头顶两侧眼后有白色眉纹，延伸到颈部而成冠羽中侧部分。上体羽中上胸和侧胸呈金属铜紫色光泽。背部红褐色、腰部暗褐色，缀有铜绿色金属闪光；翅覆羽暗褐色，飞羽外甲羽缘银白色，翼的飞羽内甲羽扩大呈扇状，直并竖立成帆状羽，呈栗黄色；上胸和胸侧呈金属铜紫色光泽；下胸和两侧纯绒黑色，具两条白色宽带斑。下体羽在颏喉部为纯栗色；腹部和尾下覆羽乳白色。胁部具有黑白相间的横斑纹，其后侧具紫赭色斑块。鸳鸯成鸟雌鸟无冠羽和"帆状羽"，眼周和眼后具有白色纵纹；下体颏、喉白色；头和颈的背面均灰褐色，颈侧浅灰褐色，腹部和尾下覆羽白色。胸部和两肋暗棕褐色，具有暗色斑纹（图23）。

图23 鸳鸯

三、生活习性

鸳鸯属于水禽，野生常成对生活于山区林缘溪流、湖泊、水库及沼泽等水域，水中游泳洗澡，能保持羽毛整洁，有助于体热散发，促进新陈代谢，保持鸟体健康。白天在水中寻食活动，一般上午觅食、日浴、休息，午间林中休息，下午常成对出没水面嬉水觅食。食性杂，迁徙季节取食杂草、种子、野果、谷物等植物为主，也兼吃小鱼虾和昆虫。繁殖季节以鱼、虾、蛙、昆虫等动物为主，兼食少量植物。秋季抵平原湖沼、河川处越冬。

鸳鸯繁殖在我国东北部，内蒙古自治区等地。每年5～6月繁殖期雌雄鸟成对在水中嬉水，求偶交配在水中进行；夏季在深山的高大树树洞内营巢繁殖，每窝产卵7～12枚，卵淡绿黄色，由雌鸟孵卵，孵化期30天左右。雏鸟出壳为早成鸟类，跟亲鸟觅食。秋季抵长江中下游及东南各省平原的湖沼、河川等处越冬，平时往往成对生活。

四、养殖场地的选择

肉用鸳鸯为改良鸳鸯，平地圈养、池养均可。圈养场舍应建在水源充足、地势平坦的平原地区，山区、丘林地带应选择山坡的南面或东南倾斜的沙质土地方建场，坐北向南有利于避风向阳，通风、采光、排水，以使鸳鸯冬季易保暖，夏季不闷热，雨后不积水。场舍面积应按养殖鸳鸯数量的多少而定，一般每平方米可养5只左右为宜。

五、饲养管理

●（一）雏鸳鸯的饲养管理●

出壳1～30日龄的鸳鸯为雏鸳鸯。雏鸳鸯出壳后1～3日内对温度敏感，喜温好睡。因此鸳鸯育雏阶段应控制温度。尤其是我国北方气温低，更要注意控温育雏。育雏的适宜温度为1～3日龄30～31℃，4～10日龄30～26℃，11～20日龄21～24℃。铺松软稻草，并分隔小栏，每栏2平方米左右，各栏安装保温电热器一个或白炽灯。可在雏鸟舍内采用地下烟道加温或电热保温等方法，或在笼舍处加上遮盖物。雏鸟出壳待绒毛干后，脚能站稳即可饮水开食。同时应保持光照时间和强度，随着其生长逐渐缩短光照时间，减弱光照强度。先饮水后喂料，饮水器要备足清洁水，千万不能断水。由于雏鸟生长很快，消化能力较弱，要求饲料营养价值高。可自制复合饲料，用玉米56%，豆饼18%，麸皮10%，米糠

10%，骨粉 2%，鱼粉 2%，酵母粉 1%，食盐 0.5%，另加多种维生素。7~14 周龄用玉米 45%，米糠 15%，豆饼 10%，草粉 9%，麸皮 15%，骨粉 2%，鱼粉 1.5%，酵母粉 2%，食盐 0.5%。或用雏鸭饲料，有的饲喂夹生米饭、面条等。饲喂时可把饲料放在大浅盘里或麻袋上让其自由采食。饲喂次数一般 10 日龄内每天 7 次，10 日龄后每天 4~5 次。7 日龄每小栏雏鸳鸯 50~70 只。雏鸳鸯不宜下水，无论采用地面饲养或网上饲养都应勤打扫，由于雏鸳鸯有睡堆天性，应防止雏鸳鸯搭堆。因此，要有人日夜值班，大约每隔几小时用手轻轻拨弄赶堆 1 次，防止打堆压死、闷死。1 周后调整饲养密度。同时要防止鼠兽侵害。雏鸳鸯抗病力较弱，需要加强饲养管理，防止发生疾病。

● （二）育成鸳鸯的饲养管理 ●

31~70 日龄鸳鸯为育成期鸳鸯，生长阶段，肉鸳鸯饲养，密度以每平方米 10~15 只为宜。1 月龄的肉鸳鸯生长速度快，其消化机能逐渐完善，消化能力增强，耐粗饲，每日能采食较多的饲料。此时配合饲料中需要供给全价料，以保证其快速生长的需要。育成阶段的日粮配方是玉米粉 45%，豆饼 10%，米糠 15%，草料 9%，麸皮 15%，骨粉 2%，鱼粉 1.5%，酵母粉 2%，食盐 0.5%。由于公母鸳鸯争食能力不同，因此把公母鸳鸯分开饲养，利于健康成长。8 周龄后若作商品鸳鸯则进入育肥饲养阶段，应提高日粮中的代谢含量，需要全价料，增加每天的饲料用量，以保证快速生长的需要。育肥阶段后（10 周龄时）应分群饲养，利于雌、雄鸟的健康成长。每群以 100~300 只为宜，饲养密度为每平方米 5~8

只，以利雌、雄鸟的健康成长。此阶段由于主翼和副主翼羽开始迅速生长，应注意防止发生啄羽癖。为了减少啄羽开始增加含硫氨基酸和治疗啄羽方面的添加剂，如羽毛粉、停啄灵等。同时要注意饲养密度和环境卫生，限制光照强度等，可防止和减轻啄羽的发生。

● （三）种鸳鸯的饲养管理 ●

成年种鸳鸯至产蛋期的日粮配方是：玉米54%，豆饼17%，麸皮18%，鱼粉3%，骨粉3%，酵母粉1.5%，食盐0.5%，另外还需要加喂维生素和微量元素。后备种鸳鸯的饲养从10周龄至24周龄，应留雄鸳鸯为体大、健壮、活泼灵敏者，选留母鸳鸯要头小、颈长、眼大。鸳鸯混养、圈养、放养均可。雄、雌比例按1：3混养。后备种圈内应设有水池，适当的活动场所，圈养以50~100只为宜。繁殖前喂低蛋白日粮，一般每天还可喂25~50克青料。快开始产蛋时，如没有产蛋箱或产蛋池，可在地上垫些松软稻草以供雌鸳鸯产蛋。产蛋期可适当增加日粮中蛋白质和能量饲料比例，可搭配少量的鱼粉、蚯蚓、蚌肉，同时增加一些无机盐和微量元素。平均饲料量每天每只需0.125千克。产蛋母鸳鸯对水的需求量比非产蛋期大得多，所以要保证提供充足的饮水，在整个饲养管理的过程中，要注意保持舍地干燥、清洁、通风和充足的光照，以促进母鸳鸯性成熟和提高成熟后的产蛋量。休产期可粗放饲养。

六、繁殖技术

鸳鸯野生在我国东北北部，内蒙古自治区等地繁殖。经驯化的鸳鸯必须模仿自然生态环境，满足其生殖的生理要求。每年5~7月繁殖季节，春末雄鸳与雌鸳鸯出没水面嬉水，求偶交配，人工养殖可编织壶形巢穴供产卵饲养6个月产蛋。年可产蛋200~220枚，平均蛋重72克，最大重100克。雌鸳鸯出壳到150天即可开产，每穴产蛋7~12枚。卵的孵化分为自然孵化和人工孵化两种。鸳鸯卵入孵前要用生石灰配成15%~18%的石灰水对孵化场舍以及用具彻底消毒。

● （一）自然孵化 ●

雌鸳鸯产蛋20~30枚，雌鸳鸯就自然就巢抱窝，孵化期30~35天出雏。雌鸳鸯停产10~15天后继续产蛋。

● （二）人工孵化 ●

鸳鸯受精卵人工孵化应注意以下几点：①一般孵化前期（1~15天）孵化机内温度控制在38~38.5℃，温度不宜过高，应保持高湿度。湿度要求在60%；中期（16~30天）温度控制在37.5~38℃，湿度控制在50%；后期和出雏期温度控制在37.5℃，湿度控制在60%~70%。②翻蛋次数要多，每隔2~3小时翻蛋1次；翻蛋角度要大，每天人工进行1~2次180°翻蛋。③孵化期中期应每天晾蛋1次，后期每天晾蛋3~4次。④在孵化中期至出雏时，适当增加湿度，每天应在晾蛋时，用35℃温水喷蛋1次，待蛋晾干后才放入机内继续孵化。⑤孵化机应有通风孔的电风扇，使机内温度均匀，空气流通，特别是孵化中后期更要注意通气，必要时稍打开机门通风透气。

鸳鸯卵孵化期为 30~35 天，鸳鸯幼鸟破壳而出，如发现有出壳困难或无破壳能力的应进行人工剥壳，提高出雏率。出壳幼体眼睛已睁开，能跟着亲鸟觅食。

第十八节　观赏鸽和信鸽驯养技法

家鸽分类属于鸟纲、鸽形目、鸠鸽科，其祖先为野生的原鸽。据有关史料记载，人类饲养鸽有悠久的历史。人类将鸽驯化为家鸽比历史文献记载要早得多，原鸽在人类长期驯养的条下，通过饲养驯化选育出许多不同的品种。据《鸽注》记载，我国养鸽已有 3 000 多年的历史，在秦汉时代就有各种鸽饲养的方法，到清朝我国已大批从外国引入了优良鸽种饲养。

一、赏玩与经济价值

家鸽有很高观赏价值，人们把家鸽作为友好和平的象征，故称它为"和平鸽"。经人们驯养的信鸽，具有强烈的归巢性、良好的记忆力和持久飞行的耐力等特性，能从几十、几百、甚至几千千米之外准确地飞回目的地。信鸽能长途飞行中测量地球磁场的变化，有多种辨别方位的本领，鸽子有神奇的双眼，能纵目远眺。在晴天时信鸽利用太阳光来导航；阴天时，信鸽则利用地球磁场"导航"。信鸽还能用气味寻找归途。所以无论气候、时间、地形等如何变化，都可以返回归巢。此外，家鸽卵肉有补肾、益气、解毒的功能，主治肾虚气短、痘疹难出等。

早在远古时代，希腊人和罗马人就开始使用信鸽作玩赏和通信用。在中国，相传汉朝的张赛出使西域各国时，也曾利用信鸽作通信联络的工具。历史上常用家鸽传递消息，如在唐朝就有"飞奴传书"的故事，这里的飞奴就是指信鸽。1870年普法战争时，被围困的法军就曾用信鸽带出重要文件。第一次和第二次世界大战时期，信鸽在很多战役中，都立下了大功，到部队"参军"，在执行任务时立了战功。此外，它还可为国防通讯、科学和医药实验材料以及地震预测等方面服务。养鸽者也感到其中的乐趣和愉快。新中国成立后我国的养鸽业得到很大的发展，近年来，随着人民物质生活水平和文化生活水平的不断提高，家庭养鸽具有投资少、收益大的特点，家鸽已作为和平、友谊的象征飞洋过海，传播着我国人民与世界人民的友谊。

二、形态特征

家鸽体长30～35厘米。常见普通家鸽体重194～347克，头颈、胸羽黑色，在颈和前胸有金属绿和紫色闪辉，飞羽灰褐色，背腹部羽毛灰色，肩翼上覆羽毛呈灰黑色相间，两肋和腿覆羽、尾下覆羽灰杂有褐色（图24）。在人工饲养条件下，家鸽的形态变异极大。

人们玩赏的鸽子称为观赏鸽。全世界多达600余种，我

图24 信鸽

国观赏鸽品种繁多。据记载有品种百余之多。玩赏鸽大致分为以下几种。①羽袋类：以绮丽的羽袋、羽色及奇特的体态供人观赏。如扇尾鸽、毛领鸽、球胸鸽、毛脚鸽、装胸鸽、巫山积雪、十二玉栏杆、坤星、鹤秀、玉带围、平分春色等。②体态类：以某一部分长相特殊取悦于人。如大鼻鸽，犹似一朵多瓣茉莉花贴在鼻子上；掌趾鸽，趾间长有相连的蹼，可飞泳。五红鸽，鲜红的眼睑，眼砂，嘴喙，双脚和脚趾镶嵌在雪白羽袋的边缘。③缀类：如广场鸽、街鸽、堂鸽之类点缀风景供人观赏。④表演鸽：如翻跳鸽，有高翻、腰翻、糖翻、地翻及自左到右的平翻等。

三、生活习性

家鸽是从原鸽演化而来的，因此大部分生活习性仍承袭原鸽习性，常结群飞翔。野生种类栖息于高山岩石峭壁上，鸣叫声为低沉的"咕—咕"，在地面上觅食，以各种植物种子为食。

白天在树林丘陵中生活、觅食，家鸽的食物主要为各种植物的种子，多以小麦、谷子、稻米、玉米等农作物种子为食。晚间则安静地在窝巢内栖息。晚上则在棚舍内安静休息。因此，应根据这个特点合理安排饲养管理程序。经过训练的信鸽，能在傍晚前不寻找栖息地，而在夜色蒙蒙中鼓翼奋飞甚至是在夜里飞行。鸽子体小质弱，缺乏抵御天敌的能力，因而反应机敏，鸽子有较高的警觉性，对外来的刺激反应十分敏感，惧怕惊扰。在家养的情况下，若鸽的巢箱设置不当，或经常受猫、鼠、蛇等的侵扰，鸽宁愿夜间栖于屋檐或楼宇下不再回巢。

家鸽要求有清洁、干燥的环境和适宜的温度，因此鸽舍应干燥向阳、通风良好，夏季能防暑，冬季能防寒，能保持鸽子健康。鸽舍内粪便堆积，空气中灰尘过多，鸽舍通风不良，环境过于潮湿，鸽子就会逐渐表现为衰竭、食欲减退、生产下降或加重原有疾病，甚至大批死亡。

家鸽的野生种类一夫一妻，每年3~6月繁殖，常营巢于高山岩壁岩洞中，呈平盘状，中央稍凹，由干草和小树枝构成。成鸽对配偶有选择性，并在配对后感情专一。每窝一般产卵2枚，卵白色。公母鸽都参与营巢、孵卵和哺育幼雏的活动。

四、鸽子的生长发育特点

●（一）乳鸽期（出壳——离巢）●

这个时期是乳鸽逐渐适应外界环境条件的时期。初生乳鸽身体软弱，眼睛未睁开，鸽体只长有一些初生羽。乳鸽体温调节机能差、抗病能力弱、活动能力差、自己不会行走和取食，全凭亲鸽哺喂，对外界适应能力不强。出壳后的乳鸽消化器官尚未发育完善，消化机能尚需锻炼，因此，这一时期必须要精心饲养。若这时期失去亲鸽的哺育，采取人工喂养，有利于乳鸽的骨骼、肌肉、羽毛及器官生长。

● （二）育成期（离巢——性成熟）●

此期童鸽独立生活，要依靠自己采食饲料。随着消化机能逐渐增强，骨骼和肌肉急剧生长，特别是消化、生殖器官迅速发育，采食量不断增加，此时是生长发育的重要阶段，要求给鸽足够的营养物质，尤其是无机盐的补充，为鸽子将来的生产性能奠定基础。

● （三）成熟期（性成熟——生理成熟）●

这个时期鸽子的生殖器官已完全发育成熟，但身体器官接近发育完善，要注意补充身体发育所需要的大量营养。母鸽，更要注意补充营养物质，以满足产蛋需要。

● （四）生理成熟——开始衰退阶段●

此时鸽体的各种组织器官相对稳定，生产性能也高，应在保持鸽体健康的基础上，尽可能充分利用它们的育种价值和经济价值。

五、饲养观赏鸽和信鸽的优良品种

● （一）观赏鸽品种●

1. 毛领鸽

毛领鸽又称饰襟、披肩鸽等，原产于印度，后移至英国改良育成美丽高贵的观赏鸽品种，是古老的的鸽种之一。其颈羽竖直，似在头颈围着一条彩色围巾。体躯细长结实、呈圆锥形。颈羽、前翼、原羽应为白色，其余部位皆为纯色，羽毛要求美丽而富有光泽，颈部几乎藏有围巾之内，饰襟愈高，体型愈修长愈名贵。毛领鸽繁殖不多的原因主要是交配困难，所以种鸽的围巾多被剪去以利配种。

2. 球胸鸽

球胸鸽是英国育成的古老观赏品种。该鸽的嗉囊膨大，像一个气球，有黑、红、黄、白、灰各种羽色，体型大小不一。走起路来，像一个大鼓手。由于体态畸形，所以，交配困难，受精率和孵化率都不高。

3. 扇尾鸽

扇尾鸽又称孔雀鸽、芭蕾鸽。其体态特别：头向后昂，胸脯突出，嗉囊圆大，尾羽时常展开呈扇状，似孔雀开屏。尾羽可多至 36 根。羽色有白、黑、蓝、红、黄等，以白色最佳。扇尾鸽体态轻盈，易驯养，可置于手上或书桌上玩耍，极具观赏价值。缺点是体质弱，产仔数少，尾羽常影响交配、受精和孵化。

4. 王鸽

王鸽是由美国新泽西州于 1870 年育成的大型肉用鸽品种之一。鸽体型硕大，挺胸部发达圆如球形，尾短翘，有蓝、灰黑、红、棕黑、紫和杂色，羽毛美丽，因此也被视为观赏鸽。杂交王鸽是采用我国石岐鸽与王鸽、贺姆鸽等杂交培育而成的，体型比王鸽略小，但生长较快，抗病力较强，尤其适合于我国北方地区饲养。

5. 卡奴鸽

卡奴鸽，又名赤鸽，原产于比利时和法国。卡奴鸽为肉用、观赏兼用鸽。卡奴鸽体型略小于王鸽，体重 0.7~0.8 千克。体型紧凑结实，外观魁梧，胸深宽，粗颈矮脚，站立时姿势挺直，尾羽几乎着地。繁殖力强，年产乳鸽 10 对。羽毛有红、白、黄、黑等，以红色、白色为多。

● （二） 信鸽品种 ●

1. 第尔巴尔系鸽

第尔巴尔系鸽由比利时的毛利斯·第尔巴尔育成。具有相当长的历史。其体型小，羽毛以灰色或灰白色居多。

2. 度马来系鸽

度马来系鸽由比利时的亚第兰·度马来育成。常被用作赛鸽的品种。

3. 华布利系鸽

华布利系鸽是由比利时的华布利培育成的。其身体健壮，姿态优美，适于长距离比赛。

4. 锡恩系鸽

锡恩系鸽由法国的普尔·锡恩育成，是世界著名的信鸽之一。其体态优美，飞行速度快。

5. 特尔丹系鸽

特尔丹系鸽是著名的信鸽，适于长距离飞行，持久力强。

6. 特灵顿系鸽

特灵顿系鸽是美国著名的赛鸽，育成的历史悠久。美国使用的信鸽中很多属于此品系。其体型优美，行动灵活。

7. 艾萨克逊系鸽

艾萨克逊系鸽由英国艾萨克育成；其体型细长而优美，适于长距离飞行。

8. 南部系鸽

南部系鸽由日本的南部培育而成。该品系特点是腰低，主翼长大，飞翔能力极强。

● （三）　国内优良品种 ●

1. 红血蓝鸽

红血蓝鸽原产于江苏及浙江，有的认为产于福建。育成历史悠久，早在 17 世纪已驰名世界，是以其眼砂带有浅灰蓝、深灰蓝或深红色而著名的赛鸽或飞行鸽品种。其特点是体型细小，强壮，飞行速度快，飞翔能力中等。

2. 李梅令系鸽

李梅令系鸽由我国上海的李梅令育成，是著名的信鸽之一。此鸽有持久的飞翔耐力。

3. 台湾种信鸽

台湾种信鸽是我国台湾品种，具有在海洋上空飞翔的特性。

六、信鸽舍与鸽舍的建造

鸽舍要求坐北朝南，地势干燥，宽敞、通风、明亮、舍内温度基本随外界温度变，严寒冬天需要保持一定温度。但信鸽与肉用鸽的鸽舍有所不同，其最大特点是要进行训练和飞翔活动。信鸽白天活动十分活跃，晚上则在舍内安静休息。

鸽舍必须为信鸽提供安全、舒适的生活条件以强化其恋巢性。

● （一）　环境必须安静 ●

信鸽喜静怕闹，惧怕惊扰。如果经常受到外界骚扰，尤其是在夜间，会引起鸽群的惊恐和混乱，受扰后的信鸽不愿回巢，宁愿夜栖屋檐之下。

● （二）　通风向阳，冬暖夏凉 ●

最适宜温度为13～18℃，空气相对湿度60%。鸽舍应尽量减少外界自然气温变化对信鸽的影响，夏季要凉爽防暑，冬季要保温防寒。鸽舍还要经常清扫和消毒，保持清洁的环境。

信鸽舍一般要求建造在住房前后左右、阳台或屋顶上，大小由饲养的数目来决定，其结构一般有围栏、到达台、出入口、电铃装置和巢窝等部分。

● （三）　到达台 ●

信鸽在外面活动一段时间后，累了或者饿了，飞回来休息找食，这就需要到达台。如果鸽舍没有这种设置，飞出去的鸽子就很难进入鸽舍，停留在外面难免发生意外。到达台应建得牢固，防止高飞的鸽子突然降落时用力太大将台踏坏。台的大小视鸽子数目而定，一般需要长90厘米，宽25厘米，位置设在鸽舍前方，便于信鸽的自由出入。

● （四）　出入口 ●

鸽子放飞户外不知何时才飞回来，这就需要有让鸽子自由进鸽舍的出入口，但不可随意出来。出入口有用铝条做成的一个垂帘，即门瓣，做法是长约25～30厘米的铝丝，一边有个小圆环，用一铁条穿过后固定在门口或窗口。其宽度一般为 20 厘米，门瓣的下端，应比出入口下端长 1 厘米。放鸽时，将铁条向上拉开，就可让鸽子出去，然后放下门瓣。当鸽子回来时，先停在到达台上，再走向出入口，门瓣被挤开，鸽子就进入舍内，但不能出来。

●（五）电铃出入口●

电铃装置可设在门瓣前面的到达台上，电池装在台下方防雨防晒的地方，电铃装置在鸽舍的出入口，主人能及时听到，通过电铃响声可准确知道或记录某只信鸽回舍时间。

●（六）巢箱●

这是信鸽休息、生产的场所，应该宽敞些，40～50 厘米见方即可。巢箱的中间用隔板隔开，设两个巢盘，便于孵化和哺仔。巢箱的数量，依饲养的信鸽对数而定，一对一箱，并固定地点和位置，使每对鸽子养成在某一巢房居住的习惯。

●（七）栖架与运动场●

在鸽舍内部设栖架和运动场，便于信鸽在舍内活动和幼鸽学飞。种鸽的栖架数通常以鸽只数的 1.5 倍来设置。栖架用木板或竹条做成梯形，放在墙边或者竖立在运动场上。运动场要宽敞以利鸽阳光浴、沐浴和交配活动。舍内地面为吸水性能较好的水泥地面，以保持舍内干燥。也可建成沙质地面，上铺 1 层净沙，并定期更换。

●（八）鸽笼（舍）●

鸽舍要求宽敞，每一种鸽的活动空间不能少，太拥挤的鸽舍无法养出好种鸽，同时要求明亮、通风、宁静、清洁，严寒冬季应保持一定温度。普通鸽舍有柜式、单个箱式两种。

（1）柜式鸽笼：一般分4层，可养种鸽8对。笼高207厘米（包括脚高15厘米），长120厘米，宽45厘米适用旧房改建的鸽舍，也适用于新建鸽舍的分间间隔。这种鸽舍的缺点是打扫卫生比较困难。

（2）单个箱式鸽笼：适用于家庭养鸽，可放在阳台上、走廊两旁或吊在屋搪下，也可一排排叠放在鸽舍内，每个笼高50厘米，长60厘米，宽50厘米。此外，配对专用鸽笼，供人工选育配种用笼养鸽可有效预防传染病的发生与传播，但由于运动量小，鸽子体质较差。

（3）信鸽：老鸽与幼鸽的鸽舍最好能分开，以便各自分别训练（群养家鸽的鸽舍样式参见图12）。每一种鸽舍要有活动空间，普通一间鸽舍面积，如挤3米×4米，即可饲养信鸽10对以上。鸽舍内太拥挤无法养出好的种鸽，鸽舍房顶、墙壁都要求粉刷石灰或涂上油漆，以求保持长久耐用。

（4）鸽舍如利用肥皂箱来安装，占地方大。为了使鸽窝整齐、美观大方、建议采用3厘米左右的木条，钉于鸽舍内墙或木板上，每根木条的距离、高度为20~25厘米，宽为25~30厘米，木条每隔20厘米处，钉一木衬，木衬上搁上活动的1~2厘米的木板，这样就形成了一个个的鸽窝。由于鸽窝底板是活动的。随时可以取下，便于打扫清洁，清除鸽粪。

（5）鸽笼（舍）内设备：鸽舍比较宽敞，可以在鸽舍内增设一些长的木板，以供信鸽栖息、活动。人工配对时，在鸽笼中设置一个隔板，将鸽安放在隔板两边，待它们熟悉一段时间后，双方都发情时，再把笼子中间的活动隔板取掉，利于他们交配，达到强制配种的目的。群养产鸽的食槽一般长100厘米，高6~8厘米，上宽5~7厘米，下宽3~5厘米。为了鸽子采食方便且不踩站食槽内拉粪弄脏食槽和饲料，可在食槽中央上钉1条可移动的竹筒或圆木条。饲养少量信鸽亦可使用小瓦钵做食槽。笼养产鸽的食槽、保健砂杯，盐碟和饮水器用50厘米长的毛竹，劈成两半。半分成格，分别作为食槽、保健砂杯、盐碟等。饮水器可将小碗挂在毛竹上面。两对产鸽可以在相邻两笼之间的外面挂上饮水器，在群养鸽舍内可放陶器或瓷器小水缸或水钵盛水。信鸽性喜清洁，在鸽舍内放1个木盆或铁皮盆，内盛清水让信鸽自动跳入盆内洗澡。

七、饲料的营养成分及配方

鸽体所需的各种营养是从饲料中获得的，按饲料的成分及其营养功能分类，主要有能量饲养、蛋白质饲料、无机盐饲料和维生素饲料4种。

●（一）能量饲料●

为鸽体提供热能所需的饲料，主要有玉米、稻谷、大米、粟、小麦、高粱、大麦等。这类饲料的主要成分是碳水化合物，饲料中无氮化合物约占干物质的71.6%~80.3%，其中，主要是淀粉，占82%~90%，故其消化率很高。粗纤维含量低，一般在6%以下。粗蛋白质含量一般在10%左右，蛋白质品质不高，氨基酸组成不平衡；色氨酸、赖氨酸含量低，生物学价值低，一般为50%~70%。此类籽实含脂肪少，一般占 2% ~ 5% ，无机盐中缺钙，低于 0.1% ；而磷的含量高于钙，达 0.31% ~ 0.45% ，并含有丰富的 B 族维生素和维生素 E。

● （二）蛋白质饲料 ●

蛋白质饲料分植物蛋白质料和动物蛋白质料两类

（1）植物性蛋白料。养鸽子的蛋白质饲料主要是豆科植物的籽实，如豌豆、蚕豆、绿豆和黑豆等。这类饲料的蛋白质含量丰富，占 20% ~ 40% ，可用于补充蛋白质不足，赖氨酸含量占 1.7% ~ 3% 。粗纤维含量一般较禾本科籽实高约 5.2% ~ 8.7% ，无氮浸出物较禾本科籽实低，只占 28% ~ 62% 。在无机盐方面磷多于钙。这类饲料缺乏胡萝卜素。对于蛋白质和脂肪含量很高的籽实饲料。如大豆、黑豆，分别含蛋白质 37% 和 36.1% ，含脂肪 16.2% 和 14.5% ，则不宜过多用于喂鸽子，以免引起消化不良和下痢。此外，饼粕类，如豆饼、花生饼、棉籽饼、菜籽讲、葵花籽饼等，常作为配合何料的原料，经粉碎与其他饲料混合，压制成颗粒饲料使用。

（2）动物性蛋白料。鸽子很少单独采食动物性蛋白饲料。动物性蛋白料含必需氨基酸较齐全，钙、磷很丰富。主要蛋白料有鱼粉、肉粉等，一般很少单独饲喂鸽子。常与其他饲料配合成日粮，制成颗粒饲料来喂鸽。

（3）无机盐饲料。用于补充鸽体中无机盐不足的饲料。常用于养鸽的有食盐、骨粉、磷酸氢钙、石灰石、贝壳粉、碳酸钙等，主要补充钠、氯、钙、磷等元素。

（4）维生素饲料。用于补充维生素的饲料。有白菜、花椰菜叶、包心菜、甘蓝、无毒野菜、胡萝卜、苜蓿草粉、槐叶粉及其他干草粉等。

要科学地饲养鸽子，既要保证正常的生长发育，充分发挥鸽子的生长潜力，又不要浪费饲料，在配合日粮时必须考虑对各种营养物质的需要量规定一个标准，包括鸽子的生长发育、生产和繁殖所必需的蛋白质、能量、无机盐和维生素4个主要部分。齐全的日粮饲料通常能量饲料用70%~80%，蛋白质饲料20%~30%。饲料配方拟定后，要经过一段时间试用。如果证明效果是良好的，就应该稳定下来，不要随便更换，以免引起鸽子胃肠不适；一定要改变饲料配方时，也要逐步更换，不要一下子停喂或改喂某种饲料。目前在国内许多鸽场采用饲料原料以豆类、玉米为主喂鸽。一般日粮饲料要研碎成颗粒，不可整粒或呈粉状。鸽的一般日粮饲料配方供参考。

配方1：稻谷50%，豌豆25%，玉米20%，火麻仁5%。

配方2：稻谷40%，豌豆30%，玉米20%，小麦10%。

配方3：玉米35%，豌豆26%，高粱12%，绿豆6%，小麦12%，稻谷6%，火麻仁3%。

成年鸽的饲料配方：玉米40%，糙米20%，豌豆20%，绿豆10%（非哺雏种鸽或青年鸽可增加50%~10%稻谷，减少5%~10%豌豆），同时，每周添加1次鸟用多种维生素。

一般1对信鸽每天所需饲料75克左右，分早、中、晚3次喂给，并注意供给适量的菜叶等青饲料，特别要保持信鸽健壮的体质和良好的竞翔性能，就要根据信鸽在不同生长阶段有不同的要求进行饲喂。

八、保健砂及配方

保健砂是家鸽饲料添加剂。笼养鸽更需补喂保健砂，补充日粮中营养成分不足，促进鸽生长繁殖，防止鸽出现营养代谢病，慢慢消瘦死亡。在配饲保健砂时，配料混合时应由少到多，多次搅拌。用量较少的配料如红铁氧、生长素等，可先取少量保健砂混合均匀，再混进全部的保健砂中。要检查所用各种配料纯净与否，有无杂质和霉败变质情况。在保健砂配制后，使用的时间不能太长，否则会不新鲜、易潮变质。一般可将保健砂的主要配料如蚝壳粉、骨粉、粗砂、红泥、生长素等先混好，其量可供鸽群 3~4 天喂用，以保证保健砂的质量和作用。保健砂的基本成分配方时，可根据鸽的生长发育需求适当补充其他添加剂，如矿物质、多种维生素、激素及杀虫防病等药物，使其作用更趋完善。下面是目前国内常用保健砂的主要配方供参考。

配方1：贝壳粉20%、细砂25%、红土（或黄泥）、骨粉10%、木炭粉7%、熟石灰5%、食盐3%。

配方2：蚝壳片35%，骨粉16%，石膏3%，中砂40%，木炭末2%，明矾1%，红铁氧1%，甘草1%，龙胆草1%。

配方3：蚝壳片20%，陈石灰6%，骨粉5%，黄泥20%，中砂40%，木炭末4.5%，食盐4%，龙胆草粉0.3%，甘草粉0.2%。

配方4：蚝壳片15%，陈石灰5%，陈石膏5%，骨粉10%，红泥20%，粗砂35%，木炭末5%，食盐4%，生长素1%。

鸽采食保健砂最好是现配现喂，防止各种化学成分起反应，力求混合均匀。每只鸽平均每天采食量为 3.1 克。这样供给鸽群需要的添加剂及药物时，可根据每只鸽的需要量计算出来。例如，每只鸽每天需要维持维生素 A 200 单位，以每只鸽每天采食 3 克保健砂计，则在 3 克保健砂中应含有维生素 A 200 单位，配 1 千克保健砂就需要供给维生素 A6，7 万单位；添加多种维生素的数量是 100 千克饲料应加入多种维生素 100 克，按照饲料与保健砂的比例 1：20 计算，可得 1 千克保健砂应加维生素 10 克。如此，可以推算出各种添加剂加入保健砂的量。每天应定时定量供给，一般可在上午喂料后才喂给保健砂。每次给的量也应适宜，育雏期产鸽多些，非育雏期鸽则少些。通常每对鸽供给 15～20 克，即 5 茶匙左右。每周应彻底清理 1 次剩余的保健砂，换给新的保健砂以保证质量。每天使用新的配方都应观察鸽群动态，以便对一种保健砂配方使用一定时间应进行调整，力求达到营养全面。

九、饲养管理

●（一）饲养●

刚离巢的童鸽，正处于从哺育生活转为独立生活。老鸽开始用嘴将它胃内分泌出的乳液喂给幼鸽，幼鸽出生后 10 天左右开始长出毛管；20 天左右应多喂些豆类、玉米给老鸽吃，在喂育期间不能喂两头长的、带壳的稻谷或麦粒，这样不利于老鸽反哺。经过 40 天的哺育，幼鸽就逐步开始自己采食，一般优秀信鸽哺育的幼鸽跟随老鸽学飞。老鸽还继续哺育幼鸽，直到幼鸽能独自采食。采食量应由少逐渐增多，后期每只每天采食量可达 25 ~ 35 克。对于颗粒较大的饲料可压碎后喂给，或压碎后用清水浸泡晾干后喂。为了保证离巢后 7 天内的童鸽的生长发育，防止过肥或早熟，日粮中应增喂绿豆或鱼粉，提高蛋白质含量，日粮中每只鸟要保证供应 5 克蛋白质的养分，而能量适当减少，要注意补充维生素和微量元素。离巢后 20 天内日粮要保证能摄入 8 ~ 9 克蛋白质；离巢后 1 个月内要保证每天摄入 10 克蛋白质。为了增进信鸽的食欲，使鸽体健壮，要求做到饲料多样化，并注意做到定时定量喂料。第 1 餐早上 7 ~ 8 时，喂日量的 40%；第 2 餐下午 4 ~ 5 时，喂日量的 60%。离巢 20 天内的童鸽每天约喂 20 ~ 25 克饲料，第 1 餐喂 40%，第 2 餐喂 50%；离巢后 1 个月内的童鸽每天 25 ~ 30 克饲料，第 1 餐 40%，第 2 餐 60%。

信鸽一般 1 年换 1 次羽毛（个别少数有换 2 次的）。可在饲料内掺一些脂肪多的芝麻、菜籽等，可以使信鸽的羽毛长得丰满，并富有光彩。训练期竞翔信鸽能量消耗大，应增喂玉米、小米等高能量饲料。训练期日喂饲料量约 30 克左右，主要是根据训练的运动量、时间和距离多少来决定喂料量，这时也应注意在能量上的补充，日喂两餐，第 1 餐为 40%，第 2 餐为 60%。

给鸽喂食时，要分类分批，将谷类置于食槽内，喂量不要太多，够吃不剩为好。饲料不能撒在地上，因为地上常受粪污，信鸽吃了不清洁的饲料就容易生肠胃病，喂饲的饲料应存放在干燥阴凉地方，以防止受潮发霉。发霉的饲料不能用来喂鸽，以防中毒和产生胃肠疾病。信鸽喂食，要严格实行定时、定量，一般冬、春季在上午 7 时喂食，夏、秋季上午 6 时左右，中午 12 时左右，下午一般在 5~6 时，需要各喂食 1 次，中午的饲料要比上午多放一些。如鸽舍装有电灯，晚上 7~8 时再喂 1 次更好。鸽群的喂食时间要固定，训练其生活有规律。同时，水是信鸽不可缺少的饮料。每鸽的饮水量为 25~35 毫升，饮水温度以自然水温为宜，最好是 20℃左右的温水。盐是信鸽健胃壮力不可缺少的成分。信鸽在夏天和孵幼鸽时，须在鸽舍内经常放 1 缸盐水，以备随时饮用。禁喂过热及结冰的水。

●（二）管理●

饲养信鸽者必须加强管理，每日观察鸽群的精神、采食、饮水、运动、飞翔、排粪等情况，发现异常时查明原因及时采取措施。日常管理信鸽主要做好以下工作。

童鸽正处于从哺育生活进入独立生活，还不能立即适应，从巢房转移到地面，环境和饲养条件发生较大的变化，因此最初几天应放在育种床上饲养，这样比较干爽温暖，也易于观察和管理。若大批留种，育种床数量不足，也可在平地铺上竹垫或木板饲养，不能让童鸽直接站在地面上过夜，这样易受凉、下痢。

搞好鸽舍、鸽窝、食槽的卫生，减少疾病。鸽舍、鸽笼每天打扫 2 次，饮水器和食槽每天洗刷 1 次，并定期药物消毒。雏鸽出壳后，巢盆垫料 5 天换 1 次。消灭蚊蝇，减少疾病传染媒介，做好鸽瘟和消化系统疾病防治。如果雌鸽已经产卵，打扫鸽窝时适当留意，最好不要随便移动它；如果移动了老鸽就不孵蛋了，黄沙、黄泥、陈石灰等，如发现染有粪污，要及时打扫更换。信鸽停止进食以后，应立即取出病鸽，隔离治疗，防止疫情的发生。平时要注意关好鸽舍，防止鸽子走失，慎防猫、鼠、蛇、狗、黄鼬等的侵害。

鸽子的饲养受温度影响，鸽舍适宜温度为 13～18℃。同一对种鸽喂给同样饲料，不同气温生长的乳鸽，其出巢鸽体重也不同。在气温 10～23℃ 生长的乳鸽比在气温 10℃ 以下，25℃ 以上时生长的乳鸽重 39～59 克。因此要控制适宜气温，夏季天气炎热应保持鸽舍通风阴凉。高于 38℃ 的气温，鸽子表现为精神不振，张口呼吸，大量饮水，食欲减退，正常代谢受影响，容易发病或中暑甚至死亡。发现鸽中暑，立即打开鸽舍门窗或起动鼓风设备，保持鸽舍内通风阴凉，产鸽巢盆垫料不宜多，同时在饲料中配入清凉解暑的绿豆等，饮用水要清洁充足，并增加鸽水浴次数；治疗可投放清热解暑中草药。如用大黄苏打片，每次每只口服 1 片。鸽舍冬季温度低于 -12℃ 影响其采食活动，可能冻伤。同时，也受湿度影响，鸽舍内适宜的相对湿度为 60% 左右，舍内湿度过大，为病菌和虫卵的繁殖创造了条件，且容易污秽羽毛；若湿度过低，信鸽饮水过多，食欲下降。灰尘过多刺激呼吸道黏膜，容易诱发呼吸道疾病。

夏天易生鸽虱、鸽螨、鸽蜱等体外寄生虫，每周水浴 1～2 次为宜，在水中交替投放 0.1%～0.2% 的敌百虫或 0.1% 高锰酸钾（PP 粉）。勤洗澡，驱除体外寄生虫。

换羽期的处理。种鸽在每年的 8～10 月份换羽 1 次。当群鸽开始换羽时，可降低其饲料的质量和数量，即降低其营养水平，可加速换羽，使换羽鸽群换羽整齐，缩短换羽期。家鸽换羽体质较衰弱，热量消耗较多，对继续下蛋或有育雏的亲鸽则在巢箱内需加营养饲料。到旧羽全部换完，新羽普遍长出后，要逐渐提高饲料的质量和数量，使换羽后的鸽子迅速恢复体质，恢复生产。

十、繁殖技术

●（一）信鸽的雌雄鉴别●

1. 乳鸽和童鸽雌雄鉴别法

（1）在同窝乳鸽中，雌雄鉴别方法：生长快、身体粗大的，亲鸽哺喂争先受喂的多为雄鸽。

（2）肛门鉴别法：4~5日龄的乳鸽，从侧面看，雄鸽肛门下缘短，上缘覆盖着下缘；雌鸽则相反。从正面看，雄鸽的肛门两端向上弯。5日后，肛门上长着绒毛便无法以此鉴别。3~4月龄的童鸽，可观察其肛门内侧上方的形态，雄鸽肛门闭合时向外突出，张开时呈六角形；雌鸽的肛门闭合时向内凹入，张开时则呈花形。

2. 成鸽雌雄的鉴别

可从鼻瘤、抱蛋、形态、发情4方面鉴别。①鼻瘤：同龄1对成鸽，雄鸽鼻瘤大而阔，雌鸽鼻瘤小而窄；120日龄成鸽，雌鸽鼻瘤中央有一白色肉线，②抱蛋：下午5时至次午9时抱蛋的多为雌鸽，上午10时至下午4时抱蛋的多为雄鸽；③形态：雄鸽身体比雌鸽大，雄鸽的颈部、脚较粗大，而雌鸽较小；④发情：雄鸽好斗，常追逐雌鸽或围着雌鸽打转，且颈羽松起，发出"咕咕"声。

3. 鸽子较小或处于非求偶期的雌雄的鉴别方法

用左手抓住鸽的头部，右手抓住鸽的身体，两手同时竖直上下摆动，尾羽下垂的是雄鸽，上翘的是雌鸽。并用左手抓住鸽，再用右手捏它的脖子上部，雄鸽眼凝视，眼睑合得快，有眼神；雌鸽则不一样。

● （二） 选择优良种用信鸽●

优良种用信鸽挑选年龄适宜、母性好、生产性能高、抗病力强的个体作为亲鸽，同时在选购时还应要求这些信鸽是否具备标准品种、纯种、纯系或杂交品系等特性。

（1）信鸽的鸽种应选1~8年鸽龄体力健壮的成年鸽。10年鸽龄后由于鸽老力衰，繁殖出来的幼鸽体质差，不能作长距离飞翔，不能作种鸽，只能作为保留血统或异血统改良杂交。

（2）从羽毛、体型、体态上选择。

（3）鸽子的体重440~500克，羽毛发育优良，站立时精神挺拔，眼睛至尾端与地平线成40~50°角，全身羽毛富有光泽。健康活泼的鸽子羽毛紧贴，干净光洁，手握有滑腻感。从羽色上看，信鸽的羽色有很多种，如有白色、黑色、雨点、瓦灰、绛色、杂花等，但参加比赛的信鸽，有雨点鸽最佳。

（4）从体型上一般应选择中型、长体型、体形结构好的信鸽，纵观鸽体的外貌，体型最好是椭圆形，有1个开阔的胸部，左右两翅紧贴胸腹部，合成1个饱满的球状。其飞行速度既快且有良好的记忆力和持久的飞行耐力。作为来往通信鸽应具备定点往复的习性。在体态上要选择体格健壮，鸽子的头部前额宜宽，后脑丰满，颈项长短适中，昂首挺立。羽毛紧密，胸肌发达，反应灵敏，精神良好的鸽。

（5）从鸽眼上挑选：优秀的信鸽，眼球转动自如，而且洁净、明亮，鸽眼眼球的清晰度越高越好。在鸽眼上有一圈圈的彩虹（也称眼沙），在选择时，原则上以彩虹圈数越多越好，要求眼沙颗粒细而均匀密布，不起堆（用放大镜观察）。其次，瞳孔在自然光照情况下（不能直接对着太阳光），瞳孔越小越好。另外，选择大鼻瘤，鼻孔大，利于飞翔呼吸。

（6）翼羽要厚薄适宜，主翼羽必须完好，羽茎强壮，富有弹性，无皱褶或蚀洞等其他不良痕迹。尾部要长得丰满，尾羽应重叠、紧缩，像一把合起来的折扇，张开时像折扇打开，与地面成平行状。主羽翼前3片羽毛平齐者为最佳，翅膀合拢后，主羽翼越长越接近尾羽则越好。

（7）从性能稳定的品系中选择种鸽。在选择和识别信鸽的优良性能时，主要是凭血统来判断。因为信鸽参加五六百千米竞翔中，归巢是否正常，飞速是否快，取决于信鸽的导航性和遗传性。同时，还要考察信鸽参加竞翔表现是否良好等真实记录。大多数情况下，身体素质好性能稳定的鸽子都是优秀竞翔史的鸽群中选拔出来的，它们大多具有良好的遗传性能和系统鸽谱档案，它们的父母和祖先，因为具有优秀的血统和良好的表现，所以可以把它们作为种鸽使用。特别值得注意的是，那些平庸的双亲所产生的优秀个体，还可以用子代鸽的竞翔成绩来检验种鸽的优劣。

● （三）鸽龄的识别方法 ●

（1）信鸽的眼皮皱纹越多，则鸽龄越大。乳鸽鼻瘤红润而童鸽浅红且有光泽，2 年以上鸽鼻瘤已有薄薄粉白色，4~5年鼻瘤粉白而变得较粗糙，10 年以上变得干枯粗糙。

（2）信鸽的鸽龄小些脚爪颜色较为鲜红；鸽龄越老，脚爪颜色越发紫色。

（3）信鸽的羽毛通常有深雨点、浅雨点、绛红轮、白色、灰壳、花色等颜色，副羽是自外向内，每年换 1 次。从羽毛颜色变化上可以明显识别鸽龄，副羽每年春末夏初从鸽翅的1、2、3 有序的掉换条翎；副羽每年反方向的掉换副羽 1 根。也可从信鸽的尾羽脱换先后的羽序识别年龄，先脱换 2.2；再依次序脱换。

（4）根据脚圈（又称脚环）年份来识别鸽龄。但应注意有的幼鸽是套的老脚圈（俗称"回龙圈"）则又当别论。

● （四）繁殖方法 ●

（1）配偶：幼鸽养到 4.5~5 个月开始发情，性成熟的种鸽发情后不久即可看到雄鸽追逐雌鸽，此时还未达到体成熟，所以不宜繁殖。到 6 个月后，要及时给予选择配偶（对中途丧偶的信鸽也予以重配），否则，在发情期没有配偶的信鸽，容易发生飞失，配对后可以交配正常繁殖。一般养鸽，最好选购公母鸽数相等。预备种鸽，将公鸽 4 个多月龄（开始追逐母鸽的时候）公母鸽按等量购回放入鸽舍，让其自行选配，饲养鸽数量较多的，可以购进大批 2~3 个月龄的幼鸽，分 30对为 1 群。分群养到 6 个月，逐步将自然配成对的公母鸽移入繁殖种鸽舍。鸽子配对方法通常有两种：即是自然配对和人工配对。自然配对是让成群的鸽各自找对象，两两配对，其优点是方便，不花人工，但容易造成近亲交配和早婚。自然配对的鸽常导致品种、毛色、体型、体重等的差异，不利于获得优良的后代。人工配对是用人为的方法，将鸽子配合成对，可以克服自然配对存在的问题。这一方法适应各种形式的鸽场、家养鸽舍及各品种的配对，特别适应笼养鸽的配对。要注意鸽子在丧偶之后要经过较长的时间才能重新配对，但在生产上，人们为了获得高产或选育良种，常常将已经配对的种鸽拆散重配。一般来说，只要处理得当，通常经过1周左右的隔离，拆散后的种鸽再和异性鸽子重新配对是相当成功的。

远程和超远程信鸽的育出，大多数是采用杂交的方法，而在众多的杂交方法中，三系配套杂交方法效果比较明显，三系配套杂交方法是以第一代优良杂交雌鸽为一方，与第三个品系的纯种或纯系雄鸽为另一方的杂交方法。采用三系配套杂交，可以更好地体现杂交优势。由于三系配套中的雄鸽是选用纯种或纯系鸽，这样在与杂交雌鸽的配合中，它能把更多的优良放翔基因遗传给后代，从而体现出母本的杂种优势。采用三系配套杂交，可以缩短育种时间，早出成绩。三系配套杂交，不需要建立家系选择法育出的纯系雄鸽，这样，就比先建立起3个近交系后再进行杂交，时间上要短得多，同时也比总使用杂交鸽育种和参加竞翔要容易出成绩。杂交需用配对笼，这是杂交配对的必需工具。笼高50厘米（其中脚高5厘米），长50厘米，宽35厘米。用竹片木条钉成。中间可插入一块隔离栅板，选好发情的、预备杂交配对的公母鸽，插入隔离栅板，一边放一只，它们互相看见，但又不能在一起。饲养3~7天，公鸽常颈部气囊膨胀，颈羽和背羽鼓起，头部频频上下点动，发出"咕咕"叫声，雌鸽在公鸽的引诱下，母鸽有接受公鸽求爱的表现，会互相频频头点亲吻，说明配对成功，此时除去栅板，母鸽自然蹲下接受公鸽交配。在群养鸽中必须公母比例相宜，避免鸽的密度太大和数量过多，并要在舍内设置足够的产蛋巢，还要将鸽群中设有配成对的鸽子捉出来人工配对。

（2）筑巢：鸽子配偶交配后，到处寻找材料筑巢。要在鸽舍里为它准备巢窝，以免延误产蛋时间。然后每天观察，及时补充垫草。一般在鸽舍一角，用箩或竹篓装上切成 10 厘米长的柔软稻草或松毛，让鸽自由衔草进窝。

（3）产卵：孵化和育雏：鸽子交配后 7～9 天便开始产蛋，通常是第 1 天产 1 个，隔 1 天再产 1 个。多数经产鸽在产下第 2 个蛋以后才孵化。信鸽换羽时，暂停产蛋。信鸽孵蛋期间由雌雄鸽轮流孵蛋。一般雄鸽在上午 10 时左右进窝孵蛋；下午 4～5 时雌鸽孵蛋。白天中午多由公鸽抱蛋，夜间多由母鸽孵蛋。亲鸽护所孵的蛋，假如雄鸽在孵化时间偶尔离巢，雌鸽会主动接替孵蛋。在孵蛋 5～6 天后可将鸽蛋放在灯旁或用手电筒将蛋放在黑暗开口处，在光线下透视，如果蛋内有均匀血管分布成网状血丝，即证明胚胎已经成形；如无血丝状，但呈 1 条粗线状，则为死精蛋；若蛋内透明则为无精蛋，应将它取出剔除。如两只蛋中有 1 只受精蛋，而另 1 只是非受精蛋，那就要把受精蛋取出，以促使种鸽提前交配产蛋。将取出的受精蛋放在同时产单蛋的另 1 对鸽巢盆里一起孵化。在孵蛋期间，雌鸽不出窝外吃食，因此必须在窝内存放充分饲料供雌鸽采食。在幼鸽出生前 1 周内，给亲鸽喂些米粒，2 周内再加喂些麦粒和豆类饲料，以增加亲鸽营养。每窝孵化 18 天（夏天稍提早，冬天稍推迟），同窝孵出的多数为兄妹鸽，也有两只都是雄鸽或雌鸽的。幼鸽出生时一般会自行啄破蛋壳，并不断地自行挣扎，然后破壳而出。也有幼鸽 2~3 天内不能自行破壳，可采用人工剥壳助幼鸽出壳，孵化信鸽受精蛋不可用手剥壳助幼鸽出壳。这是因为先天不足，会影响日后长大参加训练，甚至竞翔难以归巢。

鸽受精蛋采取人工孵化可以缩短种鸽的产蛋周期，提高产蛋率。人工孵化可采用小型平面孵化机，孵化温度控制在 37.8~38.2℃，相对湿度为 55%~65%，后期湿度高达 70%~80%，出壳困难时，可喷水于蛋的表面。第 1 次照蛋于第 5 天进行；取出无精蛋和死精蛋；第 2 次照蛋于第 10 天进行，取出死胚蛋；第 16 天时转入出雏机，同时拣出死胚蛋，第 17~18 天仔鸽开始出壳。

信鸽最好是在夏季伏天时多孵出幼鸽，因伏天孵出的鸽，从小就具备耐热的矫健体力。在春秋、冬季孵出的幼鸽也能出优秀的信鸽，有人认为春季哺育幼鸽好，但是，一般举办春季信鸽竞翔的终点站都在热天。不是伏天孵出的幼鸽飞翔以后，有张口喘不过气来的情况，而伏天孵出的幼鸽，却没有这种现象。刚孵出的幼鸽不能自食，完全依赖亲鸽吃食后反哺。幼鸽出生 10 天左右开始长出毛管，20 天左右应多给亲鸽喂些豆类、玉米等情料，以利亲鸽对幼鸽的哺育，但应注意不要喂稻壳、大麦粒两头尖的饲料，不利亲鸽反哺。遇到亲鸽不喂仔鸽，可将小乳鸽移到鸽龄大小相近的另一窝，让其他亲鸽代喂。最好单仔并窝，如果双仔，则 1 窝放 1 只。

但并窝代喂每窝不能超过 3 只，否则亲鸽就照顾不到，连原来的仔鸽也养不好。如果不并窝代喂的，乳鸽已有 10 日龄以上者，可进行人工哺喂，可喂奶粉和泡软的大米、小麦和绿豆等。但人工哺喂很难养好。雏鸽从出壳到会自己逐渐开始啄食需要 25～30 天。一般养到 30 多天雏鸽才离窝。幼鸽逐步开始自食，但仍依赖老鸽反哺，因此，老鸽飞上房屋时，幼鸽也就开始展翅飞上屋顶，跟随老鸽学飞，40 天便会飞翔。50 天的幼鸽开始第 1 次脱换翼羽（即初级飞羽），俗称"吊一"，以后每隔 15～20 天换下一条翼羽。但也有开始时 2 条翼毛同时脱换的。体弱或疾病会使幼鸽推迟或停止换翼羽。亲鸽要求既教会幼鸽飞翔，又要继续哺育幼鸽，喂食、喂水，直到幼鸽能够完全自食，并能独立生活。在幼鸽成长期间，不能受到惊恐，要防止猫、老鹰、隼等动物捕捉它。为了辨认鸽子便于记录系谱档案，信鸽出生后 5～6 天刻套在脚上套上用非铁磁性的塑料环或铝制脚环。环上刻有地名、年份、棚号或号码。因为脚环（又名脚圈）是查找血统的凭证，也是参加竞翔时的考核依据。

当幼鸽羽毛已基本长出以后，老雌鸽又产蛋了，俗称"夹窝蛋"。为了保护老鸽的健康，将这种"夹窝蛋"应随即取出，或换上假蛋（可用石灰浆、石膏或其他原料搓成蛋形，外粘上蛋壳）。让老雌鸽孵上 5～6 天后，再行取出借以休息，恢复体力。对于准备参加训练竞翔的信鸽，一年最多哺育 1～2 次。如果让优秀信鸽多孵幼鸽，影响体质，就会丧失继续参加竞翔的能力。

十一、信鸽的调教和驯鸟方法

鸽子有较强的记忆力，对固定的饲料、饲养管理程序、环境条件和信号等能形成一定的习惯，甚至产生牢固的条件反射。例如，在每次喂食前，饲养员都固定发出某种呼声，经一段时间后，只要一发出这样的呼声，鸽子就会自动飞回来寻食。又如在鸽舍顶上挂一面小旗，或涂上某些标志，就很容易帮助放飞的鸽子辨别方向。鸽子是习惯性较强的动物。因此，要改变鸽子原有的习惯时，要求逐步进行。在鸽子饲养管理中，应固定饲养管理的日常程序和环境条件，以保证有较高的生产成绩。此外，鸽子有强烈的恋巢性，人们就是利用这个习性来训练培养信鸽，使信鸽能从数百千米甚至上千千米以外飞回鸽舍。

●（一）训练方法●

信鸽达24日龄后可集中在鸽舍内饲养训练。由于幼鸽离开亲鸽进入新的饲养环境，往往不会饮水和采食。这时首先教会鸽子饮水，方法是逐只抓住鸽子，使鸽子的喙部接触水面，直至每只均会饮水为止。起初时鸽子怕人，不敢啄食。这时应耐心慢慢地喂，训练者必须先与信鸽进行"亲和"，信鸽方能在训练时"呼之即来，挥之即去"。"亲和"培养信鸽的服从性，从幼鸽开始，训练者要亲自教会信鸽饮水和采食。几天之后，使鸽群自己啄食至饱。训练鸽子在喂食时，对信鸽要给予亲切的呼唤和抚摸，让信鸽主动接近人。久而久之，信鸽无恐惧的心理。"亲和"成功后，信鸽才能对人服从，接受飞翔训练调教，以适当的抚摸和奖食养成信鸽对主人亲近，每天早晚两次喂食时向鸽子发出信号，如吹口哨、摆晃食筒或发出特殊声音等，久而久之使鸽子对此信号形成巩固的条件反射。一旦听见信号，就立即飞回寻食。信鸽平时训练要持之以恒。平时要为鸽子创造一个适宜的环境条件，每天打扫鸽舍，定时定量喂食。常喂青绿饲料和无机盐。每天让鸽子水浴。平时要注意好鸽舍，尽量不要惊扰鸽子，防止鸽子走失，慎防猫、鼠、狗、蛇、黄鼠狼等侵入鸽舍。

鸽子有很强烈的归巢性、服从性和辨认方向、方位、目标的准确性。鸽子的主翼羽长成后，可以在舍外起飞后关闭鸽舍出口。长期地坚持飞翔速度、归巢训练能促使信鸽生理结构的显著变化，以适应参加远翔时的需要。一旦鸽群降落下来，在舍外，让鸽子任意走动熟悉鸽舍的位置和周围的环境，到喂食时，训练者就应及时发出信号，引导鸽子进舍就食，乳鸽全部进舍后，立即关闭进口。信鸽平时每天早晚两次重复上述出入舍训练，使鸽形成打开鸽舍出口即飞，听到信号就返回。养成飞行降落后随即进舍的习惯。

（1）信鸽每天放飞训练时间分早、晚2次，每次1~2小时。每天凌晨和下午，将信鸽放出强化训飞，经过早晨1小时下午半小时飞翔训练后，让它自行由活动门归窝饮水、进食。这样训练2个月左右信鸽羽毛丰满，外表强壮有力，鼻瘤开始打粉后可将信鸽带到距喂食舍几百到1千米的地方放飞训练，让它飞回到喂食舍内进食。若信鸽在放飞后不飞回喂食鸽舍而是飞回栖息鸽舍，则不给食，并将它再送至喂食鸽舍附近放飞或直接送到喂食鸽舍内喂食。在喂食鸽舍内只给饲料不给住宿，在栖息鸽舍内只给住宿不给食，坚持强制地进行训练后使信鸽每天在栖息鸽舍内住宿，在喂食鸽舍内进食，使之形成生活习惯。

（2）经过良好训练的信鸽，不仅习惯于白天飞翔活动，而且风雨无阻，以增强耐力；冬、夏两季不可缩短运动时间，以训练信鸽的抗寒和防雨能力，适应各种恶劣天气条件的飞行。在黄昏、夜间也要进行信鸽飞翔训练，培育出"全天候"的优良信鸽。但必须让它白天、傍晚和夜间进行训练。进行夜间训练飞翔的信鸽，需要在白天关进不见光线的笼舍中，也不让它吃食，让其安静的休息。至夜间在鸽舍内装有电灯，使信鸽认为天亮了，就想外出飞翔，可用红灯作指挥，笼舍中央的红灯亮着，就放飞信鸽，趁着月明依稀，让信鸽辨认原已经记熟的地面方位。当红灯关闭，绿灯亮起是信鸽归队的信号，让信鸽返回笼舍中，供给食料，经过一段时间训练后可进行暗夜飞翔训练。每晚黄昏时，将信鸽带到几千米远的地方放出，让它自行飞翔归窝，坚持每夜如此，由近到远的训练，练出夜间飞翔的本领。并让鸽子养成在舍内灯下进食的习惯。

（3）信鸽竞翔前的训练要根据信鸽的年龄参加春、秋两季的竞翔，但在竞翔之前，仍需进行以下的训练。训练初，每天清晨将信鸽装入笼内，经过短时间的城区训练以后逐渐将信鸽带到郊区训练，由近到远,，使信鸽熟悉它的住处和鸽舍。信鸽通过城区、郊区训练后，即可开始进行较远距离的训练，可以集体放出，进一步再作单只放飞，信鸽经过多次近站训练，就增加了归巢的记忆力。为了使信鸽放飞后即能归巢，可采取空腹放飞、归巢后多给食等办法，引诱信鸽归巢，避免因其不饥而不急于归巢，在外逗留延误归巢时间。形成条件反射后，每次放飞或参赛归来，信鸽都会立即入舍。如果它们均能迅速归巢，说明环境训练已收到初步成效。为今后参加竞翔迅速归巢打下了基础。每次训练以后休息5~7天，以便养精蓄锐，恢复体力，为以后竞翔创造好的成绩。

还有一种训练方法是利用孵蛋的亲鸽公母鸽互相轮流替换孵蛋的习性进行训练。来往通信训练前的亲鸽停喂饲料1天，只供应饮水。次日清晨，将公鸽送往喂食鸽舍进口处，让它熟悉进口位置和周围环境。上午8时左右，发出信号或招呼公鸽进入喂食鸽舍，待公鸽进舍后，喂正常饲料量的2/3饲料。然后打开出口，让公鸽自由出舍运动，并飞回栖息鸽舍。这时，可将替换下来的母鸽送到喂食鸽舍内，像训练公鸽一样训练。至下午4时左右，喂食，喂量也掌握在正常食量的2/3。然后，让母鸽出舍运动，飞回栖息鸽舍。这样训练2~3天之后，第4天清晨，将出巢的公鸽送至喂食鸽舍附近放飞，然后呼唤它降落，进入喂食鸽采食饮水，并在栖息舍栖息、产卵、育雏。

● (二) 信鸽训练竞翔应注意的事项 ●

1. 建立完整的信鸽记录。详细记录信鸽的品种、放飞鸽的脚号、放飞日期、地点、时间、距离、气候条件和幼鸽出生后的年龄，以及竞翔归巢时间、实飞时间、飞行分组、名次、备注等情况，以便训练时修改训练计划，以不断提高信鸽科学饲养管理和训练竞翔水平。

2. 信鸽的年龄不足1岁龄幼鸽和老龄鸽不宜参加竞翔、

信鸽不足 1 龄时不宜过早竞翔、贪远图快。只能进行短距离训练，1 岁龄以上的信鸽可以参加 300 ~ 400 千米距离竞翔。2 龄以上的信鸽，生理机能等方面已基本成熟，体质较好，可以参加 800 ~ 1 000 千米竞翔。老龄鸽体质衰弱，竞翔能力差，只能淘汰。

3. 参加竞翔的信鸽，体力消耗较大，热量需要较多，因此需要加强营养，应多喂含淀粉、蛋白质的饲料，如玉米、绿豆、豌豆、碎花生米等，以弥补和恢复它长途飞行的体力消耗。信鸽训练和竞翔归巢后，要先喂水、后喂饲料，如能让它先饮葡萄糖水，维生素 B 族等营养物，然后喂料，较为合适。信鸽进行训练和竞翔前，必须让鸽充分休息，消除疲劳，恢复体力消耗。

4. 参加训练和竞翔的信鸽，由于雌鸽比雄鸽归巢力强，可选择雌鸽参加竞翔。在行动之前不宜多产蛋，不宜哺喂幼鸽。为在竞翔前避免雌鸽下蛋，白天应将雌雄鸽隔离开饲养，否则，会影响竞翔成绩。但是，雌雄鸽一旦分开，彼此希望急于找到对方而着急归巢。常因不给鸽及时选择配偶就没有强烈的恋巢性离舍而去，在外寻找配偶而飞失。因此，鸽子发情时应及时给予它们选择配偶。

十二、信鸽戴环志

信鸽所戴环志不同，可以从编号中了解此鸽的产地、年龄、在放飞竞翔前对环志登记，飞归后对号入座。因为信鸽的毛色主要以黑色、灰二线、雨点、绛色为主，相同毛色性别、沙眼的例子很多，但其所戴的环志不同，这样很容易区分出成绩的优劣。成绩优异的信鸽作为种鸽使用，环志可以帮助养鸽者查找它的祖先血统，因为任何一只优秀的信鸽都有它的血统档案，从环志编号配合血统表格，可知鸽子的亲缘关系及兄弟姐妹的成绩，这对养鸽者决定是否留它为种鸽起着重要的作用。

信鸽的环志一般用铝质材料制成，长 8~9 毫米，整个环志呈管状，上面注有地名、年份、编号等信息。目前有些地区环志用双层塑料或一层塑料一层铝制成，中间是纸印的地名、年份、编号，但这种环志外层塑料容易磨损，字迹不易辨认。信鸽戴环志在雏鸽出壳 7 天后进行，将准备好的环志套入信鸽的脚上。一般认为雄性雏鸽套上单号环志，雌性雏鸽套入双号环志，雄左雌右。个别一窝是双雄或双雌的，一定要作重要标记。

第十九节　锦鸡的驯养技法

红腹锦鸡又名金鸡，锦鸡等。白腹锦鸡又名铜鸡，分类属于鸟纲、雉科。锦鸡为我国驰名世界的一种特产的珍贵观赏鸟类，被列入国家保护动物。现已有很多家庭和动物园广泛饲养，现已被引至各国饲养。

■ 一、赏玩与经济价值

锦鸡体羽艳丽，体态优美，具有很高的观赏价值。尤其是红腹锦鸡羽色鲜艳夺目，头上的金黄色丝状羽冠散覆颈上，后颈圈生金棕色扇状羽形成披肩，映衬鲜艳的体羽给人一种美的享受，使人心旷神怡，精神焕发，有益于健康。雄鸟皮羽为华丽的装饰品，制成生态标本在市场上需求量很大，可出口创汇，价值可观。除有很高的观赏价值以外，其肉味鲜美，营养丰富，有很高的食用价值，随着人们生活水平的提高，家庭饲养红腹锦鸡越来越多。近年来随着其栖息环境被破坏，加之于锦鸡有很大的市场和人为过度猎捕，使野生的锦鸡数量骤减，因此，锦鸡属于国家保护动物，捕获种源养殖需经野生动物管理部门批准，可以大力人工养殖，已有许多家庭养殖为观赏鸟。

二、形态特征

锦鸡有两种，常见种是红腹锦鸡，雄鸡体长约 100 厘米，额、头顶金黄色，丝状羽冠披覆于后颈上。脸、额和喉锈红色。后颈圈以橙棕色扇状羽，各羽具有一细绒黑色横斑和细缘似披肩。周身羽毛上体背部浓绿色，羽缘带黑，其余背羽和腰羽浓金黄色至腰侧转呈深红色，下体腹部为深红色，故名"红腹锦鸡"（图 25）。肛周淡栗色，尾羽大半黑褐色而密杂以橘黄色斑状，至端部渐转赭色。雌鸟体较雄鸟稍小，体长约 70 厘米，体羽色虽有斑彩，但以黑褐色为主，尾羽较短。

另有一种白腹锦鸡亦称铜鸡，雄鸟体长约 150 厘米，尾羽长。此鸟形似红腹锦鸡，但两鸟羽色不同。白腹锦鸡雄鸟

图25 红腹锦鸡

头顶上背肩及胸辉绿色，枕冠羽毛赤红，颈部有一白色至后颈部，下背和腰浅橘红色，体羽主色为白色和绿色，腹部为白色；尾羽长，尾上覆羽白而缀黑色横斑。雌鸟体形稍小，体长约100厘米，披肩不发达。体羽主要为绿色、棕褐、黑色为主。脚及眶周为蓝灰色。数量稀少，已有许多动物园养殖。

三、生活习性

红腹锦鸡生活于海拔400～1 700米的中低山灌丛、竹林等处，单独或成对栖居在山坡地带或灌树丛、竹林间，主要以灌木叶、种子、嫩芽、矮竹叶、竹笋以及一些昆虫为食。

红腹锦鸡每年4～6月繁殖，繁殖期雄鸟相斗甚烈。巢营在深山草丛和竹林或茂密的灌木丛中，巢呈碗状，内铺少量杂草和羽毛，每窝产卵10～15枚，多达20枚左右，卵呈浅黄褐色，光滑无斑。雌鸟负责孵卵，孵卵期24天左右。主要分布于我国青海、甘肃、陕西、四川、贵州、云南、湖北、湖南、广西壮族自治区等地。

白腹锦鸡较红腹锦鸡所栖地带为高，一般生活于海拔2 000～4 000米高、多岩山地带的荆棘和灌木丛中，或矮竹间，常成对活动，主要食物以灌木幼芽、嫩叶、各种植物种子、浆果为食，尤嗜竹笋和昆虫。有季节性垂直迁徙的习性，如夏栖高山，冬栖山麓地带。

白腹锦鸡每年4～5月繁殖，营巢于山坡竹林间或山坡的地面树丛中，每窝产卵5～9枚，卵呈浅黄褐色或乳白色，光滑无斑，也由雌鸟担负孵卵，孵化期21天左右。主要分布于我国西藏自治区东南部、四川中部和西南部、贵州西部一带直到缅甸的北部，但白腹锦鸡的数量较少。

四、饲养管理

红腹锦鸡易驯养，红腹锦鸡长期在野生的生活环境中，而且是比较隐蔽安静的，其性机警，易受惊。一旦采取笼舍饲养就会撞扑笼网，精神紧张，易导致其内分泌系统紊乱，不能正常采食、繁殖。刚从野外捕来的幼雏较成年锦鸡易接受人工驯化，对雏鸟的驯化可利用野外搜集的或养殖场产的红腹锦鸡蛋通过人工孵化所产的幼雏，从出壳后就开始驯化。在喂食、给水之前，要给予灯光、音响等信号，使其逐步形成条件反射，以增强其集群活动的习性，使之从出壳后就习惯人工环境，与饲养员建立一定的依存关系。且驯化程度高。所以红腹锦鸡的驯化成了人工养殖的关键问题之一，驯养红腹锦鸡应根据其生活习性模拟野生环境，首先将从野外捕来的红腹锦鸡放置在安静、宽敞的笼舍内，室内尽量幽暗。保证食物新鲜、适口，饮水充足、卫生。食物刚开始最好直接投喂作物籽实，逐步过渡到配合粒料。每天投喂少量人工饲养的小昆虫如黄粉虫等。饲养人员每天通过喂食、供水和清扫卫生等活动时要逐步接近红腹锦鸡，直到它见到饲养员不再惊恐逃逸，再逐渐增加室光照，使之逐步习惯于饲养环境。同时混入同批少量家鸡，有利于消除惊恐，还可利用雏锦鸡的仿随性这一特性，使跟随家鸡一起啄食、饮水，以利于提高其驯化程度。成年锦鸡经过一定时期的驯化也能进行交配、产卵。虽然其产卵量、孵化率较低，但能为人工养殖红腹锦鸡提供一定数量的种蛋。

第二十节　孔雀驯养技法

孔雀古称孔鸟，又名越鸟，分类属于鸟纲、鸡形目、雉科的观赏珍鸟。

一、赏玩与经济价值

孔雀有绿孔雀、蓝孔雀和杂交品种白孔雀之分。孔雀体羽颜色绚烂、华丽，尤其是雄鸟的羽毛色彩斑斓，尾上覆羽延长成尾屏，求爱开屏时更为艳丽，具有很高的观赏价值，并可制作高档的工艺品和装饰品。这是因为孔雀分泌的激素促使色素细胞相互作用而"合成"了鲜艳的有多种多样颜色的羽毛，这与羽毛中所含的化学色素和光线折射有关。同时，其肉质鲜美，营养丰富，蛋白质含量达28%，脂肪含量只有1%，富含10多种氨基酸和维生素及微量元素，是高蛋白、低脂肪的肉类食品。同时，孔雀肉还有药用价值。早在1 000多年前的药典《新修本草》中就对孔雀的食用和药用价值作了记载。明代李时珍的《本草纲目》中说："食孔雀肉辟恶，能解大毒、百毒、药毒，服食孔雀肉后服药必不效，为其解毒也。"现代中医学验证认为，孔雀肉咸而凉，具有滋阴清热，平肝熄风，软坚散结，排脓消肿之功效。其提取物滋补功效远远高于兔、龟、蛇、鸡的提取物，其作用机理是提高人体免疫力，增加机体的抗病能力。随着市场经济的发展饲养繁殖孔雀不仅供人们观赏，又可作为肉用和药用，价值可观，出口创汇。孔雀易养，现已成为鸟养殖业中一项低投入、高产出、经济效益高的新兴产业，前景十分广阔。绿孔雀为国家保护动物，严禁捕猎，养殖须报主管部门批准。

二、形态特征

孔雀有绿孔雀、蓝孔雀之分。孔雀的雄鸟体长达1.8米以上，体重约5千克，羽色绚烂，全身主要为翠蓝色，头顶耸立，簇翠绿蓝色的羽冠羽，呈扇状，白脸蓝胸。额部羽毛鱼鳞状，呈蓝紫色发光，颈、胸呈灿烂的金铜色，羽缘翠蓝，两翅稍圆，翼上覆羽具光泽的蓝绿色，内侧覆羽为铜褐色，间杂棕色的斑块，腹部和两肋均呈暗蓝色。覆尾羽特别延长为尾屏，羽色多彩上富有金属光泽，尾羽长达1米多，隐于尾屏下。五彩的尾屏上五色金翠钱纹，许多椭圆形的"眼状斑"（图26）。除自卫雄孔雀开屏时尤为艳丽，吸引雌孔雀寻找伴侣。跗蹠长而强，脚上有距。雌蓝孔雀较雄鸟稍小，体重约4千克，体羽颜色不如雄鸟艳丽。全身以灰色为主，无长覆尾羽。幼孔雀的冠羽簇为棕色，颈部背面深蓝绿色，羽毛松软，有时出现棕黄色。此外，还有一种白孔雀，由蓝孔雀和绿孔雀杂交而成。

图26　孔雀

三、生活习性

野生孔雀是生活于亚热带海拔2 000米以上针叶林或稀树草坡、性机警的地栖种类，喜欢在清晨和黄昏在溪河沿岸或农田附近活动觅食，一般1只雄鸟带3~5只雌鸟一起活动，有时也单独活动，嗜食浆果、稻谷、芽苗、草籽等食物，也食一些昆虫如白蚁、蟋蟀、蚱蜢、小蛾等动物性食物。孔雀翼短而圆，不善飞行。夜晚常飞上10余米高的固定树枝栖息。

孔雀 2~3 龄性成熟，每年 2~5 月繁殖。繁殖季节雄鸟求偶甚美，常将尾屏展开成扇状，称为"孔雀开屏"。一雄配数雌，连同幼鸟结群生活，秋冬时结群更大。孔雀巢很简陋，营巢于郁密灌木丛或竹草丛间，多在地面上扒一个浅坑，垫上一些枯草和羽毛为窝。每窝产卵 4~8 枚，多为 5~6 枚，平均蛋重 90 克，卵钝卵圆形，壳厚而硬呈乳黄色或乳白色，无斑点，雌鸟担负孵卵任务。种蛋孵化期 27~28 天。孔雀的寿命为 20~25 年。蓝孔雀分布于印度、斯里兰卡等地。绿孔雀分布于印度尼西亚的爪哇、孟加拉国、缅甸和我国云南省南部和西南部。

四、场舍建造与设备

孔雀饲养场舍应选择在环境安静、宽敞、地势平坦或背风向阳的并有清洁水源场地，或建在山坡上，外围用铁丝网围成。内设的房舍应坐北朝南，地势较高，比地面高出 40 厘米左右，排水良好的干燥处，舍内地面硬底上铺垫沙土。每100 平方米可养孔雀 20 只。饲养场内周围及上方围有铁丝网，网高 5 米孔径不超过 2 厘米。种孔雀栏舍大小为 5 米×10 米，室内外各半，每栏可饲养公孔雀 1 只，母孔雀 2~5 只，育雏箱为 1.2 米×0.8 米×0.7 米的木质箱。上盖用纱网铺盖，以利通风透气，又可防止猫、鼠及猛禽侵害，箱底板上垫上 4厘米厚的锯末，箱内热源用灯泡加热，控制灯泡的高低调节箱内的温度。舍外育雏的栏舍面积为 5~10 平方米。舍内外各半，舍内高 4 米，盖石棉瓦。由于孔雀体羽较长，夜间有在树上过夜的习惯，所以，在室内外均要搭上竹架，供孔雀栖息，以免影响尾羽的生长和开屏。此外，孔雀的饲养场舍内设置用镀锌铁皮焊接而成的料盆和饮水器（可用鸡用塑料饮水器）。

五、饲料的种类与配方

孔雀的食性较杂，嗜食植物种子类食物，在人工饲养条件下，孔雀的日粮中营养成分需要富有较高的蛋白质的饲料和粗纤维的能量饲料、矿物质、维生素添加剂和青绿多汁饲料。多用混合饲料。

● （一） 蛋白质饲料●

动物性饲料有肉末、熟蛋、鱼粉、昆虫、黄粉虫、蚕蛹、羽毛粉、白粉等。占饲料总量的 20% ～25%，植物性饲料有豆饼粉，大豆、花生饼等，占饲料总量的 30% 左右。

● （二） 能量饲料●

主要有玉米、小麦、大麦、高粱、稻谷和麻籽、麸皮、玉米糠等，占饲料总量的 5%。

● （三） 矿物质饲料●

包括骨粉、贝壳粉、蛋壳粉和食盐等，占饲料总量的 2%。

● （四） 青绿多汁饲料●

种类较多，主要有多种菜叶、苜蓿、牧草、瓜果和胡萝卜等。占饲料总量的 20% ～30%。

● （五）添加剂 ●

包括多种维生素、微量元素及氨基酸等。

混合饲料。饲养中的营养成分的配比应根据孔雀的不同生长发育、产蛋、换羽时间早晚等特点、饲养阶段和孔雀群的不同饲养状况酌量增减。补充饲料、粒料有玉米、高粱、大麦、麻籽等。混合饲料必须全价，配方：玉米30%、高粱10%，豆饼粉20%，麸皮10%、大麦粉22%、鱼粉4.5%、骨粉和贝壳粉3%、盐0.5%混合而成。雌孔雀产蛋期需增加日粮中的蛋白质、氨基酸、维生素及矿物质，如鱼粉、骨粉等，以提高产蛋量。

六、饲养管理

● （一）雏孔雀饲养管理 ●

1. 育雏温度和湿度

刚出壳后的雏鸟体温达40℃，因此，育雏应搞好保暖。育雏在舍内进行。育雏开始的温度为34℃，以后每天降0.3℃，直到脱温。20～30日龄雏鸟应每天清晨观察舍内温度和雏鸟的精神及活动情况，灵活掌握有利于雏孔雀的正常生长。如果温度过高，雏鸟远离热源，应保持通风，及时疏散雏鸽密度；温度过低时，雏鸟挤在一起，靠近热源。发现问题及时调整温度。育雏舍内的湿度应控制在60%～70%。育雏初期湿度可大一些，有利于腹内蛋黄的吸收，防止体内水分的蒸发。中后期育雏舍应采取通风、勤换草垫等方法保持育雏舍内的干燥，以防止舍内潮湿发生球虫病和霉菌病等。

2. 饮水和开食

孔雀出壳 1 天以后先饮温水，半小时后开食。为了预防雏孔雀多种疾病和虚脱，饮水中应加入适量鸟用口服液盐和适量土霉素，有利于排泄胎粪，促进开食，防止疾病。开食的饲料为粒状、体积小、易消化的干粉粒或混合饲料，每日定时补喂给黄粉虫，8 周后逐渐喂给青饲料。把食料撒到深色塑料布上或报纸上，让其自由觅食。从第 4 天起饲料中加入2% 细沙。网上育雏更应注意补充矿物质微量元素。每天喂食5 ~ 6 次。

3. 驯养管理

雏鸟每群 40 ~ 50 只，孔雀生活环境要求安静，怕嘈杂声。饲养员要利用每天喂食 5 ~ 6 次接触机会逐渐与之建立良好关系。并注意清扫粪便，保持舍内清洁干燥。常换垫料、料盆和饮水器，经常清洗消毒。5 周龄时，用鸡各种疫苗进行免疫 1 次。此外，孔雀的敌害较多，尤其是雏孔雀，更应防止猫、鼠等肉食兽类侵食。

● (二) 育成鸟的饲养管理●

雏孔雀长到 8 周龄后可放入育成鸟舍栏内饲养，栏舍地面需铺 1 层粗沙。舍内的每栏面积 30 平方米，可饲养育成的孔雀 10 ~ 12 只。喂料喂豆类如绿豆、豌豆，火麻仁以及19.5% 以上的鸡料饲喂，逐步加入豆类和籽类。孔雀 60 日龄喂饲小鸡颗粒饲料以外，每日还需补喂少量熟鸡蛋和黄粉虫及青饲料。喂饲料可不定量，可让其自由采食，喂料以不剩余为原则，同时栏舍内放置些保健砂和清洁饮水供孔雀沙浴和饮水。育成孔雀生长 6 月龄时如作肉品食用可进行育肥，一般到 7 月龄体重可达 3.5～4 千克。育成孔雀饲养 1 年半以后性逐渐趋向成熟，这时应搞好选种配种，要求选择健康、无病、生长发育好、双脚强健、耻骨间距适中、冠羽排列形式良好和项羽、体羽颜色艳丽的个体作为后备种鸟。同时还应考虑留作鸟种的公母孔雀的比例，一般以 1：2 或 1：3 为 1 组，放置固定的栏舍内饲养。在此期间应控制能量饲料，以免育成孔雀体内沉积脂肪而影响产蛋率。在整个饲养过程中要搞好清洁卫生，定期消毒场舍和食饮具，同时应注意场舍通风透光。

● （三）孔雀产蛋期饲养管理 ●

母孔雀产蛋期需要加强营养，如增喂昆虫黄粉虫等动物性饲料，以及维生素和钙磷等微量元素。要做到定时喂料，不要随意改变饲料，使孔雀生活有一定规律。在春季气温回升，日照时间变长时，是孔雀繁殖季节，活动量大，食欲旺盛，要注意补饲精料，以满足种孔雀的生产需要；秋季孔雀换羽，应补饲火麻仁。在舍栏内角落要给母孔雀搭一个产蛋的窝巢，窝内放上软草，为孔雀创造一个良好的繁殖条件。在孔雀产蛋和交配期间，要保持安静。饲养员拣蛋尽量避免各种应激，并要注意安全，防止雄孔雀的攻击。拣到的种蛋最好及时进行孵化，保存应放置在 15℃ 左右的地方，保存时间不宜超过 1 周。

夏日多高温、多雨、潮湿气候，孔雀产蛋逐渐停止，此时应多饲喂给青绿饲料。秋凉孔雀随着气温逐渐降低、日照时间渐短，于每年 8～9 月份开始换羽，体质较弱的在此期间要加强饲养管理。管理不善容易发生各种疾病。冬季天气寒冷，应注意防寒保暖，要适当增加饲料并多让孔雀晒太阳使其御寒。

七、繁殖技术

孔雀 2~3 龄性成熟，每年 2~5 月繁殖，繁殖季节，雄鸟配偶，可一雄配多雌，营巢孵化育雏。

● （一）产蛋与交配 ●

种孔雀到每年农历惊蛰前后开始产蛋。每年 3~8 月是产蛋盛期。从出壳到性成熟产蛋在人工饲养条件下需要 22 个月左右。每年春末繁殖时。公母孔雀在每天上午 7~8 时或下午 4~5 时进行交配。雄孔雀受本身生殖腺分泌出的性激素刺激，交配前雄孔雀常围在母孔雀的四周，并开屏尾上覆羽如扇状，并抖动 5~7 分钟。孔雀交配要求安静环境，防止干扰。公孔雀交配时踩在母孔雀背上，用喙吸住母孔雀的头顶部，体躯后部不断颤动。母孔雀交配时尾部羽毛散开，主动接受雄孔雀的交配动作。整个交配过程持续 5 分钟左右。交配完毕后即各自活动。雌孔雀产蛋期在每年 3~7 月，产蛋时间大都在晨昏时间。产蛋前如棚舍是水泥地应放一层厚厚的沙子，孔雀用双脚抓在沙地上，扒成小窝后在窝内产蛋。每只母孔雀每窝可产卵 5~6 枚，隔日产 1 枚蛋，卵壳乳黄色或乳白色。

● （二）种蛋孵化 ●

孔雀种蛋的孵化，由于经人工饲养驯化的孔雀自身的孵化能力较差，所以一般采用电孵和自孵两种方法，但电孵成活率极低。可用当地耐孵力强的母鸡野外有控孵法孵化孔雀种蛋出雏，孵窝选择在靠农舍的大树下或柴草棚等较为隐蔽的地方，周围要干燥，清静，将其模拟成一个野外自然繁殖环境。孵窝的地点选好后，取一块长、宽各60厘米，厚0.5厘米的铁铣板垫在下面，用干稻草、树叶等草物，在铁铣板上做一个与蓝孔雀窝相似的长圆形巢。蓝孔雀的产蛋旺季是每年的4～5月，在此期间应于黄昏断黑时将产下的孔雀蛋拾回，在灯光下剔除无精蛋后放进自制窝巢中。1只母鸡最多孵不超过4枚蛋。

孵化机孵化，还可能提高孵化率。孵化期孵化室保温性能和通风要好，可采用孵化室内生火增温。采用孵化机人工孵化孔雀种蛋，应控制孵化温度在35～37.8℃，前期（1～6天）为37.8℃，中期（7～15天）为37.5℃，后期（16～22天）为37.5～37.3℃，出雏（（22天后）时为37℃；孵化时的相对湿度为60%～70%，出雏时要提高到70%～75%。人工孵蛋过程中应每2～3小时翻蛋1次（角度90），孵化中后期每天定时晒蛋1次，晒蛋时间10～30分钟。入孵后的第1周左右进行第1次照蛋，剔出无精蛋和死胚蛋，2周进行第2次照蛋，剔出死胚蛋，第25～26天转入出雏器内，孵化28天，雏鸟啄壳；若已满28天，雏鸟仍不能破壳而出的，需要人工小心剥开蛋壳的啄破线，辅助雏鸟出壳。

● （三）　出雏与育雏 ●

采取母鸡抱孵和孵化机孵化28～30天，雏孔雀即可出壳。刚出壳的雏孔雀先让其自饮一些浓度极低的高锰酸钾水溶液，然后喂鸡料（含粗蛋白在22.5%以上），在饲料中也可加入适量淡鱼粉、黄粉虫及熟鸭蛋，以增加蛋白质的水平。

每天也要饲喂一些青绿嫩草、蔬菜或新鲜牧草等。室内育雏用红外线灯泡保温4~6天后，放到室外活动。如孔雀种蛋采用抱鸡代孵，雏孔雀出壳后的第1~2周，应由母鸡带到野外寻食，在这段时间让母鸡带雏孔雀慢慢的适应外界环境。随着幼孔雀逐渐长大，适量增喂一些煮熟的蛋黄粉、钙粉和碎米，直到雏孔雀羽毛丰满（大约1个月）才能与母鸡分开饲养。

野外放养成龄孔雀应早放晚归，露水天须推迟放养时间，以免露水将孔雀羽毛打湿而染病。在雏孔雀阶段，夜晚要把雏孔雀放入铁笼内，在日常管理时定期消毒，搞好环境卫生，清洗食槽和水槽，勤换饮水和定期驱虫等。同时晚间要开灯，饲养员要经常巡查防止鼠、野猫咬死雏孔雀。

第二十一节　野鸟驯养技法

笼养鸟品种繁多，难免有刚捕获不久的野生鸟。野生鸟原来生活在大自然中，无拘无束，野性非常大。一旦被囚于鸟笼，大多数野生成鸟养活的几率很小。主要原因是野生鸟放在笼子里后，急躁不安，不停地撞笼，直至撞得头破血流，也不肯吃食，最终死亡。因此野生鸟需经过驯养才能符合观赏要求。当你将一只恐惧、拒食的野鸟驯养得开始唱歌时，你一定会享受到养鸟的乐趣。野鸟的驯养工作要从以下方面入手。

一、安定

生活于大自然中的野鸟，无拘无束。一旦被我们囚于小笼内，就显得忧郁和恐惧。大部分的鸟都表现出急躁不安，不停的跳跃和猛撞鸟笼，结果轻则撞得头破翅折，重则因体力消耗殆尽而死亡，这是大部分野生鸟被捕捉后的必然结局。因此，我们对刚捕获的野鸟首先要给予安静的环境，尽量不去惊扰它。开始时，养在画眉板笼中用布、纸将笼的三面遮住，减少光线的刺激，以免使鸟惶惶不安。这种方法可使一部分鸟安定下来，如多数硬食鸟和杂食鸟。若经过这样处理后，仍表现烦躁不安的鸟，可将其两翅飞羽用线缚住，使鸟不能展翅飞跃，以减少鸟的活动和体力消耗，也能防止撞伤。若在天气不太冷的季节，对十分烦躁的鸟，可用水喷湿鸟体使鸟安静，但这种方法不能连续使用。

有些鸟的飞羽较长，身体又瘦小，飞羽缚扎后因跳跃使两翅翻转入腹下，鸟就无法站立和活动。对这类鸟，可将一侧飞羽全拔去，这样待飞羽再长齐后鸟已基本被驯服，也不会影响以后的观赏效果。

一般的鸟经5~7天后会逐渐安定下来。要使它能接近人，可将鸟从安静的环境中渐渐移至有人声的地方，使之加以适应。不能接近人、见人就撞的鸟，即使养活，也无观赏价值。

二、诱食

鸟在驯化安定、适应环境的过程中，就要给它上食，这对硬食鸟是容易的。可用硬食鸟所喜爱的油脂饲料，如白苏籽、菜籽、麻籽、葵花籽等诱食。如鸟的数量较多，可将饲料撒在地上，引诱效果较好，待接收油脂饲料后再掺入粟、黍、谷、稻等硬粒。

软食鸟的上食比较困难，开始要按鸟体大小选择相应的虫子，如八色鸫用蚯蚓，黄鹂用大皮虫或小黄虫，白腹蓝鸟、白喉矶鸫用小黄虫，戴菊、柳莺、红点颏用小黄虫或黄粉虫。开始要喂整条虫，这种虫会蠕动，引诱效果较好。待已能逐渐啄食时，再将虫剪碎后放在蛋粉（熟蛋拌豆粉）上，让鸟啄食虫时带食少量蛋粉，以后逐渐减少虫，迫使鸟取食蛋粉。有几种鸟，如绣眼鸟、啄花鸟等，可用软性水果（香蕉、软苹果）诱食，以后再逐渐增加蛋粉。软食鸟能啄食蛋粉后，根据鸟的食性逐渐调换适合的饲料。

三、填喂

有些鸟即使用活虫诱食也不上食，对这种鸟，需要用人工填喂的方法以维持其生命。人工填喂时，用左手中指、无名指、小指和手掌握住鸟体，用食指和拇指分别掐住鸟嘴两角，并用力于上喙，再用右手的食指和拇指掐住鸟嘴下喙将嘴掰开，然后急速将左手食指、拇指从嘴角处插入鸟嘴，使鸟嘴不能闭合，随后用右手取虫沾一些清水填入鸟嘴内，并尽量将虫推入口腔的深处，注意不能填在舌后的气管开口处。虫填入后松开左手食指、拇指，使鸟嘴闭上，鸟就会将虫吞入嗉囊。填喂量要掌握好，不能使鸟太饱造成鸟无食欲而不会主动采食，也不能太饿使鸟的机体极度消瘦，一般掌握在四五分饱为好。用于填喂的虫，最好用热水浸泡一下，这样填喂时较润滑，易吞咽，鸟的食道也不会受到损伤。

人工填喂法在开始时每天 3~4 次，每次 2~3 条虫，2 天后改为每天早、晚各填喂 1 次，以迫使鸟自己啄食。对已经消瘦的鸟，每天可多喂 1~2 条虫。在鸟笼内仍要放置食缸和水缸，缸内有虫或粉料，有引诱作用。

四、管理

刚捕获的野鸟虽不愿上食，但对水浴仍有很大的兴趣，尤其是软食鸟。驯养时不能因鸟喜水浴而满足它们，结果常会使鸟羽湿透而冻死。所以对刚捕获还未上食的鸟，只能用滴水法稍稍满足它们的水浴欲望，待上食后可适量让它们在浴缸内痛快地水浴。

未驯养的鸟和经长途运输的鸟，由于精神不安，大多不去整理自己的羽毛，羽毛上常沾有粪污，使羽毛粘结而失去保温作用。特别是鸟的腹部羽毛更易脏，所以要帮助鸟去除污渍，使羽毛松散不板结。方法是，用软布沾水顺着羽毛揩去污渍，揩洗后将鸟置于避风处，以免使其受凉。

野鸟驯养一般以单只分开饲养较好，不宜几只鸟混养一笼，因为这样无法掌握它们的吃食情况，也容易相互干扰。当然有些容易驯养的硬食鸟是可以几只鸟合养一笼的。

第四章 笼养鸟疾病防治

第一节 引起鸟病的因素与预防措施

一、引起鸟病的因素

引起笼养鸟疾病发生有着多种致病因素，其主要原因是野生鸟类实行家养，由于在人工条件下，改变了鸟类原来的野生生活环境，导致鸟类的运动范围小，运动量也相应的减小，食物和水全部由人工控制，粪便及其他排泄物均在它们活动的小天地，它们不能适应人工养殖的生活环境，加之饲养管理不善，饲养管理差，鸟的生活环境恶劣，如饲养场所温度忽高忽低、高温高湿以及强烈的噪声等，都可成为鸟类发病的应激因素，使鸟体中潜伏的病原被激化而导致发病。因而很易发病。鸟类疾病主要由以下因素引发。

（1）感染。养鸟过程中饲养管理不善，清洁卫生差，或饲养过程中操作不当使鸟体擦伤或结构组织损伤等，由病鸟或被污染的饮食用具、笼具、活动场所等，或由空气传播感染病原微生物（病毒、细菌、霉形体、真菌和衣原体等），也有鸟类感染了寄生虫等，使鸟的机体组织损害、毒害，体质下降，削弱鸟体对疾病的防御能力而引起疾病。

（2）营养不良。鸟类在自然环境中所摄取的食物种类比较多，营养较为全面。但在人工饲养条件下，饲喂的饲料比较单一，往往造成某些营养成分缺乏或过剩，引起鸟体代谢障碍而发病。

（3）饲料霉变。喂给鸟类的饲料发霉变质后会引起消化系统中毒发病，甚至死亡。

（4）饲养密度大，管理不善，通风不良，鸟舍没有注意防寒、防暑、防潮等。鸟发生传染病前未能预疫。发病时没有及时消灭传染源，采取严格隔离封锁。病死鸟没有焚烧或深埋，病鸟舍和用具也未彻底消毒等切断疫病传播途径。

二、鸟病预防措施

鸟病预防必须实施"防重于治"的原则。鸟在生病前，应做好以下几方面疾病预防工作，以减少疾病发生。

● （一）加强饲养管理、切忌饲料单一 ●

笼养鸟鸟的日粮组成应根据其生活食性合理搭配饲料，一般要有 2~3 种杂粮、1~2 种豆类。同时每天要喂清洁的饮水，鸟体需要新鲜的保健砂，以满足机体的正常生理需要。

● （二）养鸟的各种用具、物品等设备进入笼舍前要清洁消毒 ●

每月用 5% 来苏水或 0.1%~0.2% 的新洁尔灭溶液等消

毒剂喷雾消毒 1~2 次，保持卫生清洁，舍内要每天清扫 1 次。每周更换垫料 1 次，食槽饮水器每天洗刷及时消除笼内和巢盆里的粪便。鸟类孵卵期间常和其哺喂雏鸟同窝的垫料需要勤换。

● （三） 保持笼舍清洁干燥、通风透光 ●

最好能在光照充足而又凉爽的地方饲养。这样可防止感冒、气管炎、寄生虫以及其他疾病。

● （四） 冬季养鸟重在保温 ●

冬季气温低，为了提高鸟的抗寒能力，应给鸟保膘增温，适当增喂脂肪性较多的油脂性饲料，如苏子、小麻籽、油菜籽、花生米、核桃仁等。每次喂量要少，可把鸟笼放在室内（家有过敏性体质或呼吸道疾病的除外）。不可将鸟靠近火炉或暖气管。如果鸟受到或冷或热的影响，失去体温调节功能会危及鸟的生命。冬季室外遛鸟活动要看天气是否合适。如果天气晴好，气温不是太低，可以进行遛鸟。

● （五） 养鸟者要规范亲鸟行为，远离疫病威胁 ●

养鸟能给人们的生活增添乐趣，但也要防止患上鸟雀病。这种病是由鸟传给人类的疾病。科学家已经从 90 多种候鸟身上检测到了禽流感病毒。其实候鸟身上携带的除禽流感病毒外，还有衣原体、支原体、细菌等病原微生物和线虫、绦虫、吸虫等寄生虫。这些病原物可以使鸟类患病，有些鸟雀容易从呼吸道中感染疾病。如鸽子的呼吸道容易积存一种叫做曲霉菌的真菌，它往往随着鸽子的呼吸而传播。有些还可以导致其他疾病，甚至传播到人类身上。

三、搞好检疫与预防接种

为了预防鸟类疾病的发生，笼养鸟要尽量采取自繁自养，避免从外地疫区引种，防止传入鸟类疾病。引进饲养的笼养鸟或刚捕捉饲养的野生鸟类必须经过检疫，并隔离饲养2周以上时间，观察其精神状态、采食和排粪等情况有无异常表现，确认无疾病以后方可入群一起混养。并需按时注射疫苗、免疫接种和驱虫。

禽鸟检疫就是采用各种诊断手段对鸟类和鸟类各种产品（包括标本、羽毛等）进行传染病和寄生虫方面的检查，并相应地制定出防疫措施。不论自然界的野鸟，还是专业饲养场饲养的驯化禽鸟，带疫病的情况都比较严重，有的禽鸟疫病不仅可使同类禽鸟相互感染，而且可以传染给其他不同种类的禽鸟，甚至传染给人，如高致病性禽流感病毒。因此，为防止禽鸟疫病传入和扩散蔓延，检验检疫是非常必要的手段。目前我国鸟类检疫分为国境口岸检疫和国内检疫（包括市场检疫）两条线。

国境口岸检疫（简称口岸检疫或国境检疫）：为了保护我国动物和人民的健康，维护国际信誉，履行国际间的义务，防止疫病由国外传入和由国内传出，国家在国际通航港口、机场及陆地边境、国界江河的口岸对国外进入（称入境）、国内运出（称出境）及运往第三国途经我国（称过境）的野生及驯化禽鸟类和产品、运载工具进行疫病（包括寄生虫）检查的过程为禽鸟类国境口岸检疫。

国内检疫：由所在省（自治区、直辖市）、市、县、乡兽医防疫检疫机构对本地区或出入、途经本地区的动物及其产品进行疫病方面的检查为国内检疫。禽鸟类及其产品的国内检疫又分为国内运输检疫、集市检疫、收购检疫及产地和产品加工检疫。

市场检疫：对进入交易市场的动物及其产品，由当地兽医防疫检疫机构进行疫病方面的检查及有关疫病的预防接种为市场检疫。禽鸟类爱好者从市场购回的禽鸟难免没有患病的禽鸟，为避免新购鸟有病传染给家中的禽鸟，因此，新购鸟买回家前一定要自行隔离饲养才能免除带入传染病的危险。

禽鸟类检疫的对象　危害禽鸟类的疫病有近百种，不可能将所有禽鸟类疫病都列为检疫对象。为此，国家规定进口动物的检疫对象为国内尚未发生或已消灭的动物疫病，急性、热性传染病，危害大而目前防治困难或耗费财力大的疫病，人、畜、禽共患的疾病。

第二节　鸟类疾病的诊疗技术

一、鸟类疾病临床检查

病鸟诊断检查前先从外观辨别。细心观察，可从外观辨别家鸟的健康状况。病鸟病状外观辨别主要从表现、精神、食欲、粪便等方面加以区别，以便初步判断鸟群病症将其从大群中隔离治疗，以便迅速有效采取措施控制疫情，减少经济损失。现将特禽各部位检查方法及各种病态表现分述如下。

● （一）病鸟姿势和动态的检查 ●

健康鸟表现精神活泼，翅膜紧贴腰背，尾羽上翘，羽毛丰满光洁，两眼有神。行动活泼有劲，叫声洪亮，食欲旺盛，采食敏捷，听觉灵敏，周围稍有惊扰便迅速反应。病鸟表现通常离群独立一角，不愿活动，行走步态不稳，精神沉郁，羽毛松乱，翅膀下垂，闭目缩颈，或将头插入翅下睡眠，食欲减少或不食，消瘦，则多为急性传染病或中毒性疾病表现；如果长期食欲减少、精神不振则多为慢性疾病。

观察鸟的站立姿势与运动行为　若鸟的两腿变形，关节肿大，胸骨呈"S"状，胸廓左右不对称，多为钙代谢障碍的表现。雏鸟趾爪曲卷而站立不稳，多见于维生素 B_2 缺乏症。鸟扭头曲颈，头向后仰，呈"观星"状，腿无力，站立不稳，常见于维生素 B_1 缺乏症。鸟一腿向前，另一腿伸向后方，呈劈叉姿势，常为神经型马立克氏病。雏鸟的头、颈及腿部震颤，伏地翻滚，多为鸟传染性脑脊髓炎。检查鸟腿部及关节的状态、骨骼的形状，也有助于疾病的诊断。如趾、跗、肘等关节肿胀，有波动感，含脓汁，可能是由滑膜支原体、葡萄球菌、沙门氏菌等引起感染。如确诊还需进行实验室诊断。

● （二）雄鸟冠和肉髯检查 ●

健康雄鸟的冠和肉髯颜色鲜红，组织柔软光滑，如颜色异常则为病态。鸟冠发白，主要见于贫血、出血性疾病及慢性疾病，如淋巴性白血病、寄生虫病等；鸟冠发紫，常见于急性热性疾病，如新城疫、鸟流感、鸟霍乱等，也可见于中毒性疾病；鸟冠萎缩，常见于慢性疾病，如淋巴性白血病等；如果冠上有水疱、脓疱、结痂等病变，多为鸡痘的特征。肉髯发生肿胀，多见于鸟霍乱和传染性鼻炎。区别是传染性鼻炎一般两侧肉髯均肿大，慢性鸟霍乱有时只有一侧肉髯肿大。

● **（三）眼鼻部检查** ●

眼睛检查主要是检查眼睛上下眼睑，第三眼睑和眼球，看其形状，清洁度，眼结膜，虹膜的色泽，结膜内有无异物和角膜透明度及瞳孔大小等。正常鸟眼睛圆而眼珠转动灵活，明亮有神，结膜呈淡红色，成年鸟虹膜呈橙黄色，2月龄内雏鸟多成灰黄色，角膜通明，瞳孔大小适中。眼睑平整有弹性。病鸟眼神迟滞无光，眼睑肿胀，眼角流泪，有眼屎，甚至失明，常见于维生素 A 缺乏症，葡萄球菌病等。若发现结膜发白或呈黄色，常见于鸟结核病，白痢病，内寄生虫病等慢性疾病，结膜内稍有隆起等小溃疡灶，灶内有不易剥离的豆腐渣样物，多见于黏膜型鸡痘；角膜混浊，结膜内有牛奶样黄白色凝块，严重时眼眶隆起，常见于维生素缺乏症，虹膜变灰色，瞳孔极小或呈放射状是鸟马立克病等的特征。鼻孔检查时用右手固定鸟两鼻孔周围看是否清洁，再用左手拇指和食指挤压两鼻孔看鼻子里是否有异物。若病鸟鼻孔流出少量分泌物或鼻液黏性混浊物，多见于传染性鼻炎、鸟霍乱、慢性呼吸道疾病、传染性支气管炎、禽流感等。若挤出分泌物有一股特殊臭味，多见于传染性鼻炎。

● **（四）口腔检查** ●

用手掰开特鸟上下喙检查其口腔色泽、黏膜、舌、上颚沟、咽喉部。健康鸟口腔呈灰红色，黏膜潮润，无异物。若发现口腔黏膜有小米粒大小的黄白色隆起等小结节，或上颚沟、咽喉部有不易剥离的豆腐渣凝块，多见于维生素 A 缺乏症；口腔黏膜、舌等两侧或喉头上有不易剥离物多见于鸡白喉。

● （五）嗉囊检查 ●

用手指触摸嗉囊检查其嗉囊等内容物数量及其性质。健康鸟喂食后不久嗉囊饱满而坚实，逐渐排空。若发现食后不久嗉囊食物不多，多见于因饲料适口性差或患有某些慢性病食欲差所引起。若嗉囊内含有多量硬食物和异物，弹性小，多见于嗉囊梗阻；嗉囊内的内容物稀软积液，积气，多见于慢性消化不良症。

● （六）腹部检查 ●

用手触摸特鸟腹下部，检查腹部软硬度、弹性和腹腔内部分脏器有无异常变化等。正常腹部柔软而有弹性。若发现腹部有软硬不均等物体，高热有痛感多见于卵黄性腹膜炎初期。触感有上下波动，内有淡黄色或深黄色并带有浑浊的渗出物，常见于卵黄性腹膜炎中后期。腹膜卷缩，干燥，发凉，失去弹性，多见于鸟白痢病、内寄生虫病等慢性疾病。腹部异常膨大下垂，多见于鸟白痢病、伤寒等症。

● （七）肛门检查 ●

用左手抓住鸟两腿倒拎使肛门朝上，查看肛门周围羽毛是否干净，再用右手掰开观察肛门的色泽，松紧和干湿状况。正常高产产蛋雌鸟肛门呈白色，松弛而湿润；低产产蛋雌鸟肛门色淡黄，紧缩而干燥。若发现肛门部位深部红肿，有一层白喉样假膜，剥离后有粗糙出血面多见于慢性泄殖腔炎；若肛门肿胀，肛门周围覆盖有黏液状等蛋白分泌物，多见于雌鸟前殖吸虫病；肛门突出或外翻且充血发红或发紫肿胀为产蛋雌鸟脱肛症。

● （八）腿脚部检查 ●

主要检查鸟腿部的膝关节，肘关节和跖骨等软硬度及其变化情况。若膝关节肿大或变长骨质变软多见于佝偻病。趾骨增厚粗大，骨质坚硬多见于因缺乏维生素 B_3、维生素 B_{11} 等引起骨短粗病；若趾骨弯曲或扭曲、跛行，多见于缺乏维生素 B_3、维生素 B_{11}、胆碱或锰等引起曲腱病。趾关节肿大，表面有凹凸不平等凸起，内有尿酸盐沉积，多见于关节型痛风症。将鸟倒拎脚心向上检查脚掌有无溃疡创伤，化脓等症。

● （九）羽肤检查 ●

主要检查特鸟羽毛是否平整紧凑，光滑清洁及有无羽虱寄生虫等。健康家鸟羽毛平整，紧凑，光滑。若羽毛竖立是高热寒颤等表现。羽毛（特别是头部羽毛）蓬乱，污秽不光滑、常脱落多见于慢性疾病或营养缺乏症。逆翻头部、翅下和腹下羽毛检查，若发现羽根部如被一层异常组织（霉菌套膜）所包围常为黄癣病。羽毛、绒毛或皮肤上有淡黄色或灰白色等虱虫，羽根部并有卵粒附着，即为羽虱寄生虫。若患鸟皮肤粗糙缺乏弹性或炎症多患寄生虫病。

● （十）鸟粪检查 ●

检查鸟粪呈条形或圆柱形，不软不硬，落地后呈滩状，无恶臭，质地较硬。在粪的表面一端或中间覆盖有一层较薄等少量白色尿酸盐即鸟屎。鸟粪颜色常随食料而异。舍饲鸟早晨第一次排出的多为黄棕褐色软粪多成糊状无恶臭；喂青饲料多呈淡绿色，喂黄玉米多呈黄色。由于病因不同，所排粪便在色泽、干稀程度、气味、饲料消化状况和有无异物等也会发生变化。

（1）鸟患新城疫病一般排出稀薄淡黄色或黄绿色、黄白色等腥臭稀便，并常带有黏液或混有血液，后期为血清样等排泄物。

（2）鸟患雏鸟白痢，肠粘膜分泌大量黏液，同时尿中尿酸盐含量增加，病鸟排出的粪便呈白色糊状或石灰样稀粪，有恶臭，常黏在肛门周围的羽毛上，干黏后把肛门堵塞住引起排粪困难。

（3）鸟患马立克氏病、伤寒、副伤寒、大肠杆菌等疫病，排出黄绿色不成形等水样稀粪，肛门周围黏有糊状粪便。

（4）患鸟霍乱排水样和带白色等稀便，但后来变为绿色并含有黏稠液淡黄色稀粪。

（5）鸟患黑头病排出黄褐色、硫磺样等粪便。

（6）鸟患球虫病，一般可见肠炎和出血，特别是雏鸡盲肠感染球虫时，排出棕红色等稀粪或全是血粪。

（7）鸟患肠道蛔虫病或绦虫病等寄生虫病，下痢，排出带有虫体和血液等黏液。

（8）鸟患肠胃炎，排黄绿色、有酸味和腐臭味带泡沫样的粪便。

（9）鸟食入碳水化合物饲料过多，而蛋白质饲料不足，排出的粪便较软，呈茶褐色，并有特殊的臭味。若是由蛋白质饲料比例过高或鸟输卵管炎和雏鸡白痢引起，排出白色粪便过多。

●（十一）呼吸检查●

可取被检查等鸟紧贴在检查者耳边直接听诊注意检查，其呼吸频率、呼吸深度、呼吸规律及其他有无异常变化。检查者距被检查鸟类 1～2 米处远听如有甩鼻音或呼噜"喉音"，若近听呼吸音粗厉并夹有水泡音或"嘎嘎"音，常见于呼吸道疾病，如传染性喉气管炎、慢性支气管炎、霉菌性肺炎和雏鸟感冒等。若呼吸深且快，常见于某些传染病。若病鸟长时间坐地张口伸颈呼吸，伸长脖颈，吸气长呼气短为传染性喉气管炎，有时也见于黏膜型鸡痘。

●（十二）体温检查●

鸟正常体温为 40.5～42℃，但抱窝雌鸟要比正常高 0.5～1℃。初生鸟比成年鸟体温低，5～7 日龄后开始逐渐升高，到 10～20 日龄后才接近成年鸟的体温。检查鸟体温通常用 50℃杆状测温计通过肛门测量，通过测量如果体温超过 43℃，多见于急性传染病或非传染性等急性炎症。若体温低于 39℃，多见于某些慢性疾病或营养不良等。体温降到 38℃以下，见于病鸟濒死症。

二、鸟类疾病剖检诊断和实验室诊断

病鸟受到外界各种不同因素侵害后，其体内发生病理变化各异，通过对病鸟尸体剖检，准确找到病变部位，观察其形状、色泽、性质等特征，结合流行特点和临床症状，检查鸟体可疑发病的器官，局部剖检病变，即可确诊疾病性质和致死原因，从而确诊。

诊断一些鸟病，特别是某些传染病，除根据流行病学、临床诊断和病理变化经过综合诊断以外，必要时采取病样送实验室检查，进行病理解剖学诊断、组织学诊断、病毒学诊断、血清学诊断，最后确定疾病等性质。

三、鸟类疾病防治投药方法

给病鸟投药应根据药物特点、鸟病及其具体条件，选择简便有效的投药法，要求做到安全准确，才能有效地防治鸟病。

●（一）口服法●

不适合禽群体混饲，饮水和注射给药均可使用本法。片剂、水剂、丸剂等都可以采用。投药方法是将药物研成小块或加少量水，塞进或滴进鸟喙里，随后即用滴管滴1滴水，帮助鸟自由咽下；若水剂，将定量药液吸入滴管滴入喙口内让其吞下。待鸟口服药物后经胃肠道发挥局部作用。多在鸟类需紧急治疗时用，投药时鸟类保定要确实，剂量适中。

（1）水剂：喂鸟小剂量的水剂药液时，助手将鸟保定，术者以左手拇指和食指捉住鸟冠，压头使稍向上向外侧倒下，使喙张开，然后将药液装入滴管内，滴入病鸟喙内。防治鸟群用大剂量水剂药液时，可将药液拌在饮水里代替饮水，盛药的容器宜用搪瓷制品，以避免发生化学变化减低药效或产生中毒。

（2）片剂、丸剂：片剂丸剂太大可压碎，直接投在鸟舌上，使鸟头成45°角自动咽下，粉剂可装入胶囊或粘在馒头、米饭上投喂。

（3）粉剂：粉剂药物可混入少量水中，采用水剂投药方法进行喂药，也可采用在干粉料中加药的方法给鸟喂药。加进的药物必须在饲料中拌匀，否则常可造成药物中毒，引起鸟只大批死亡。加药物时可先将所需的药物称好加入少量的饲料中，反复地搅拌，如此重复2～3次，最后在料堆上反复翻倒2～3次。

● （二）混饲投药法 ●

适用于鸟类群体给药防病，需要几天、几周甚至几个月等长期性投药，以及不溶于水、适口性差等药物投给。投药方法是将药物均匀地混入饲料中，在给鸟类喂饲的同时将药物吃进。这种给药的方法应准确计算用药量，药物与饲料要混合均匀，注意饲料中其他添加成分同药物的颉颃关系，以防降低药效。

● （三）饮水投药法 ●

饮水投药法是将药物溶于水中，让鸟自由饮用。此法是目前养鸟场防治鸟病最常用的方法，用于鸟病的预防和治疗。饮水投药时，首先要了解药物在水中的溶解度，易溶于水的药物，能够迅速达到规定的浓度，难溶于水的药物，若经加温，搅拌，加助溶剂后，如能达到规定浓度，也可饮水给药；其次，要注意饮水投药的浓度；再次，要根据饮水量计算药液用量，一般情况下，按 24 小时 2/3 需水量加药，任其自由饮水，药液饮用完毕，再加 1/3 新鲜饮水。若使用在水中稳定性差的药物，或因治疗的需要，可采用"口渴服药法"对鸟群停止供水 2 小时后，以 24 小时需水量的 1/5 加药供饮，令其在 1 小时内饮毕。此外，禁止在水中给药，以避免药物浓度不均匀。家鸟的饮水量受舍温、饲养方式等因素的影响，计算饮水量时应加以考虑。

● （四）气雾投药法 ●

气雾给药即是使用气雾发生器将药物分散成为微粒（包括液体或固体），让鸟类通过呼吸道吸入或作用于皮肤黏膜的一种给药法。由于鸟类肺泡面积很大，并有丰富的毛细血管，所以应用气雾给药时，药物吸收快，作用出现迅速，不仅能起到局部作用，也能经肺部吸收后出现全身作用。应用气雾给药时，应注意如下几个问题。

（1）药物的选择。要求使用的药物对鸟类呼吸道无刺激性，而且又能溶解于其分泌物中，否则不能吸收。如果药物对呼吸系统有刺激性，易造成炎症。

（2）控制微粒的粗细。颗粒愈细进入肺部愈深，但在肺部的保留率愈差，大多易从呼气排出，影响药效。微粒较粗，则大部分落在上呼吸道的黏膜表面，未能进入肺部，因而吸收较慢。气雾的粒度大小要适宜。综合研究的结果表明，进入肺部微粒的粗细以 0.5~5.0 微米为最适合。

（3）掌握药物的吸湿性。要使微粒到达肺的深部，应选择吸湿性弱的药物，而要使微粒分布到呼吸系统的上部，应选择吸湿性强的药物。因为具有吸湿强的药物粒子在通过湿度很高的呼吸道时其直径能逐渐增大，影响药物到达肺泡。

（4）掌握气雾剂的剂量。同一种药物，其气雾剂的剂量与其他剂型的剂量未必相同，不能随意套用。要确定气雾剂在防治鸟病中的有效剂量，应测定气雾剂吸收后的血药浓度。

● （五）药浴法 ●

按药溶比例配好药溶溶液，使鸟体局部药溶或洗澡。适用于杀灭体外寄生虫或体表皮肤病消毒和治疗的给药法。药溶时要注意让鸟的头部露出水面防止窒息、死亡或中毒。

● （六）砂浴法 ●

多用于防治鸟体外寄生虫病。砂浴方法是在鸟运动场修建1个浅池，池中放入拌有药物的砂子（或木屑），砂子厚10～20厘米，让鸟自行在砂池中爬卧、扑动。注意砂浴时要将药物与砂子搅拌均匀，防止鸟啄食药物中毒。禁用对鸟类敏感的药物，如敌百虫等。

● （七）注射投药法 ●

注射投药法是防治鸟各种疾病，尤其是病情较重、饮食废绝的病鸟和免疫接种最常用的方法。具体是将药液用注射器直接注入鸟类的皮下、肌肉、静脉及嗉囊等处的给药方法。

（1）皮下注射。用拇指和食指捏住颈中线的皮肤，向上提，使之形成一个"囊"，注射针头自头部插入体部，并确保针头插入皮下时注射入药液。如马立克疫苗皮下免疫注射等。

（2）肌内注射。肌肉注射操作简便，计量准确，药效发挥迅速、稳定。

（3）静脉注射。静脉注射是将药液直接注入翼下静脉的给药方法，适用于用药量大，有刺激性的水剂及高渗溶液注射。

（4）嗉囊注射。嗉囊注射是将药液注进嗉囊的投药方法，操作简便，计量准确，特别是需要注射有刺激性的药物，或者鸟只开口困难均可采用。注射针头由上向下刺入鸟颈右侧，距左翅基部1厘米处的嗉囊内。

● （八）滴鼻滴眼投药法 ●

滴鼻滴眼给药是通过眼结膜或呼吸道黏膜使药物进入鸟体的方法，适用于弱毒疫苗的免疫接种（图27）。

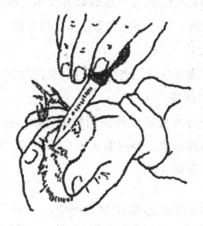

图27　给雏鸟滴鼻

● （九）羽毛囊涂擦投药法 ●

多用于10周龄以上后备鸟及种鸟的正常接种。换羽期的鸟和羽毛尚未长好的幼鸟不宜此法。方法是在鸟类的小腿部前侧用小毛刷和棉签蘸取疫苗逆向涂擦进毛囊内。

●（十）投喂驱虫药注意事项●

驱虫药物一般毒性较大，在防治鸟体寄生虫病时一定要掌握好用法、用量及注意事项，否则易引起家鸟中毒，甚至死亡，造成不应有的经济损失。应用驱虫药物驱虫应注意以下问题。

1. 选药要合适

选用驱虫药物时，既要考虑驱虫效果和药物毒性的高低，还应考虑经济价值。

2. 掌握好用药剂量

驱虫药物对机体也有一定的毒害作用，所以使用驱虫药物时剂量要准确，同时还应注意防止蓄积中毒。

3. 空腹投药

投驱虫药物宜在清晨进行，投药前应停饮1次。

4. 小范围试喂

在鸟群进行大批驱虫或使用数种药物治疗混合感染时，可先在少数鸟体试喂，经观察无不良反应后，再行大范围饲喂，以确保安全有效。

四、握鸟和鸟笼间转移方法

鸟体较纤嫩、脆弱。尤其是雏幼鸟防疫和病鸟诊疗时动作要轻。一般鸟类的常用握鸟方法是用右手的拇指和食指捏在一起，中指和无名指沿着鸟的腹部自然弯曲，小指握住鸟的尾羽或肛门外，整个鸟体卧仰在手掌上，使鸟指（爪）和头向上，以便宜检查鸟体的各个部位。鸟在手里活动主要靠2

条腿的力量蹬抓。因此，捏住 2 腿是握鸟的关键动作。在握较大的硬嘴鸟（如大、中型鹦鹉）时，由于鸟的喙锋利、力量大，易喙伤手指。因此，在抓握较大的硬嘴鸟时，必须戴上质地较硬的手套。

鸟在笼间转移（俗称"过笼"），用鸟笼隔离观察病鸟、替换鸟笼时，将空笼的笼门打开，与装有鸟的鸟笼靠近，当两笼靠近到适合距离时，及时打开装有鸟的笼门，迅速将两笼的笼门紧靠到一起，使鸟转移。

第三节　笼养鸟常见疾病及防治方法

一、鸽瘟

鸽瘟是由鸽Ⅰ型副黏病毒引起的高度接触性、急性、败血性传染病。病鸟分泌物和排泄物污染的饲料、饮水、鸟笼、用具及病鸟所产的蛋均可传染本病。任何季节均可发生，但以春秋两季较多流行。没有接受免疫（无抗体）的鸽子感染病毒后就会发病。

【症状】一般潜伏期为 1 ~ 7 天。症鸽表现精神委靡不振，不食嗜饮、排绿便、腹泻、或排绿黄色类便，有的出现瘫痪、翅膀下垂、转脖等神经受损的症状。死亡率较高。

剖检可见肠胃有出血点、肠黏膜出血、脑炎等。

【诊断】根据发病流行特点，临床症状和剖检病变可作初步诊断。但确诊需做病毒的分离鉴定及血清学试验

【防治方法】本病目前无特效药物治疗，必须采取严格的隔离、消毒和封锁等，应采用加强饲养管理，搞好卫生与消毒等措施，预防本病能靠免疫使机体产生高滴度的抗体来抵制病毒的侵害。选择鸽瘟弱病毒疫苗和鸽瘟灭活油苗。雏鸽15日龄左右应做第1次免疫接种，4~5月龄加强1次。由于鸽副黏病毒免疫不是终身免疫，抗体会随机体新陈代谢而削减，所以，成年鸽要每年春秋两季各做1次免疫。弱毒免疫较好的方法就是滴鼻点眼，因为鸟类的眼内黏膜和鼻口腔后的黏膜中有许多受体。如果用灭活苗，应在做弱毒苗激活免疫时，要避开大血管神经密集的地方，可在颈后皮下注射，或者胸肌注射；产蛋种鸽最好在翼窝肌内注射。注射时胸肌用酒精棉消毒后注射，要求每鸽1支消毒针头，注射时宜慢不宜快。有条件的可用高免血清有一定防治效果。一旦确诊已发生鸽瘟，尤其是表现神经症状的病鸽，要及时扑杀。

二、鸟出败(鸟霍乱)

鸟出败（鸟霍乱）又名巴氏杆菌病或禽出血性败血症。病源是多杀性巴氏杆菌。发病原因主要是由于管理不当，病菌通过污染的饲料和饮水不卫生侵入鸟体内，经消化道感染。也可通过飞沫经呼吸道感染。各种鸟都有感染性。

【症状】病鸽一般呈急性，体温升高达42℃以上，口渴喜饮水，发烧、脚冷、嗉囊饱满、不食、精神沉郁、眼闭呆立、弓背缩头或头藏于翅下，不愿活动，羽毛松乱无光泽。眼结膜发炎、口中流出黄色油脂状黏液。剧烈下痢、粪便稀呈灰白色或黄绿色、瘦弱，急性发作病鸽会突然死亡，一般病程2~3天。慢性病例病初呈鼻炎症状，口鼻有较多黏液分泌物，精神与食欲不振，羽毛松乱无光，消瘦，四肢常有关节炎，病程延续数周。

【诊断】根据流行特点，临床病状和剖检病变可作初步诊断。确诊需病鸟血液或内脏的细菌性试验室检查镜检，进行病原的分离培养鉴定。

【防治方法】

预防：加强鸽群饲养管理，搞好卫生和消毒。有鸽霍乱的鸽场，应对60日龄左右鸽左右注射鸟霍乱菌苗预防。每年进行1~2次鸟出败疫苗注射。40日龄以上的鸽每只注射2毫升。若注射弱毒活菌苗，可能反应较大，应先注射10~20只，观察7天，视反应情况再决定大群注射，将产蛋母鸽不宜注射。

治疗：发现病鸽要及时隔离治疗，用20%磺胺嘧啶钠注射液1毫升，肌内注射，每天2次连注2~3天，或口服链霉素片，每次10万单位，每日2次连服2~3次。

三、鸟副伤寒

鸟副伤寒是由鼠伤寒沙门氏杆菌感染引起的一种常见细菌性传染病。患病鸟、病愈鸟、被污染的饲料和饮水是主要的传染源。通过消化道或病愈鸽产出的带菌蛋传染，但也可通过呼吸道或眼结膜感染。百灵鸟、金丝雀、鹦鹉等笼养鸟和鸟类均可感染发病。主要危害幼龄鸟。

【症状】患鸟羽毛粗乱，失去光泽；精神沉郁，不愿行动，常垂翅呆立，嗜睡，眼睑浮肿，鼻瘤失去原有色彩，食欲减退或拒食，渴欲增加，腹泻下痢，拉绿色或带褐色的恶臭稀粪，并含有未消化的饲料成分。泄殖腔周围的羽毛，常被稀粪污染。急性病鸽2～3天内死亡，慢性病表现长期腹泻，消瘦，翅下垂，步履阑珊，打滚，头顶歪斜等。后期病鸟出现呼吸困难，皮下肿胀等。若不及时治疗死亡率较高。

剖检：肝肾、脾脏肿大，实质性器官常有灰白色小结节病变。

【诊断】根据发病情况、临床症状和剖检病变可作初步判断。确诊需要实验室对病鸟实质器官进行病原分离。

【治疗方法】

预防：加强饲养管理，改善鸟舍鸟笼的卫生状况，定期在饮水中或饲料中投放抗生素、维生素等。保证饲料洁净，鸟粪堆积发酵消毒。发现鸽病时要及时隔离治疗，病愈鸽不做种用，予以淘汰，并将鸽舍、用具、场地等进行彻底消毒，严防病源散播。

治疗：用卡那霉素每千克体重10～30毫克，或庆大霉素每千克体重1万单位，肌内注射1～2次，连用2～3次；也可用磺胺类药物，每千克重30～50毫克喂服，1日2次连服2～3天。

四、鹦鹉热

鹦鹉热又称鸽鸟疫，鸟热病。本病是由一种鹦鹉衣原体的病原引起的多种笼养鸟及野生鸟的传染病，通常多发生在鹦鹉鸟类，也发生于非鹦鹉鸟类中，称为鸟疫。家鸟和人也能感染此病。病源存在于病鸟的排泄物中，干燥后随风飘散，经呼吸道而引起传染得病，也能通过皮肤伤口侵入鸟体。本病多发生于幼龄鸟。笼养鸟过度惊恐，环境污染以及其他疾病的并发都可以诱发此病，在鸟群中，如有一只鸟感染此病，很快传播且发病率很高，但成年鸟发病较少，一般病症轻，可以自愈。

【症状】本病按病程分为最急性、亚急性和慢性三种类型。其临床症状差异较大。一般病鸟表现全身羽毛竖起精神委顿，食欲减退或废食，腹泻排出灰白色至铁锈色，或黑色柏油样粪便。病鸟日渐消瘦，不能起飞。一侧或两侧的眼角膜发炎泪水汪汪，鼻孔内流出浆液状分泌物（鼻孔内也有流脓状分泌物），呼吸急促，不断地发出咳嗽声和感冒病症类似，时有"咯咯"的声音，后期病情严重，皮肤呈蓝色。急性者常突然死亡。一般成年鸟病症较轻，常能自愈。但也有表现烦躁不安、眼鼻流液、不食、腹泻，逐渐消瘦衰弱。

剖检可见病鸟的胸腹腔和内脏器官浆膜、气囊膜等纤维素性炎症；实质器官肿大、变色和出现灶性坏死、肠炎。

【诊断】根据发病情况、临床症状和剖检病变可作初步判断。确诊需要实验室对病鸟实质器官进行病原分离。

【防治方法】

预防：加强饲养管理，鸟笼舍保持通风干燥，保暖和清洁卫生，每天应清除鸟的食物残渣与鸟粪。必须对病鸟笼食饮具用烧碱或石灰乳进行彻底消毒，此外，鹦鹉病原体对热度和紫外线的抵抗力极弱，所以，将其污染的器具放在阳光下消毒或用热水消毒。也可用消毒药稀释液消毒以免感染。

治疗：本病治疗无特效药。首先隔离病鸟，可用四环素或土霉素治疗，每只病鸟用10万单位灌服，每日2次，连续数日。用青霉素治疗也有一定的治疗效果，用量是每只病鸟每次5万单位，作胸部肌内注射，每日2次。如大群治疗，可在每500克饲料中加入四环素（也可用土霉素或金霉素）0.2克，充分混合，连喂1~3周，即可减轻症状，逐渐痊愈。

五、笼鸟曲霉病

笼鸟曲霉病主要是由霉菌属的烟曲霉菌、黄曲霉菌、黑曲霉菌和吐曲霉菌等引起，均属需氧菌。在适宜的温度下，饲养20~30小时左右就会形成白色绒毛状菌落，后变为淡绿色、蓝绿色及黑色，菌落成熟后随风飘扬，菌体被吸入或食入，就会感染曲霉病。多种笼鸟、野鸟因饲喂了霉变的饲料和垫料潮湿发霉等都可以感染，笼养鸟中，以幼鸟最敏感，发病率和死亡率高。尤以鹦鹉、八哥、金丝雀具有易感性，幼鸟当通风不良、潮湿及营养不良的情况下，最容易感染。夏季，特别是梅雨季节各种霉菌繁殖生长的旺季，更是笼鸟曲霉病流行危害最严重的季节，

【症状】本病临床表现分急性和慢性两种。急性常无明显症状，在发病后突然死亡。慢性表现为：精神委顿，羽毛松乱，翅膀下垂，食欲减退，有渴欲，生长停滞，逐渐消瘦衰弱，间有腹泻，常拉灰白色稀粪。有的病鸟不吃食呼吸困难，

呈胸腹式呼吸，气管有啰音，后期闭眼缩颈，下痢，昏迷而死。病程：急性者7天左右死亡，慢性者1~2个月。

剖检：急性突然死亡的鸟，最显著的病变是肺脏呈黄色或灰黄色，并有大小不等的结节或斑块，有时可见于气管、支气管和气囊，偶尔见于胸腹腔、肝脏和肠浆膜。慢性病变在口腔内有易剥离的黄色干酪样物。

【诊断】本病根据临床症状，病理变化及有饲喂发霉变质饲料史即可作出诊断。

【防治方法】加强饲养管理，注意通风，严防饲喂霉败变质饲料，保证饲料和饮水新鲜洁净，鸟笼要保持清洁卫生，每天清洗食饮具，并在阳光下晒干，勤清扫鸟粪并堆集发酵处理。

六、肠炎

鸽肠炎是一种常见的消化道疾病，此病由大肠杆菌引起。引起此病的主要原因是饲料搭配不当或经常变换。该病在各种鸽龄均可发生，尤其幼鸽易换此病。

【症状】患鸟发病急，病初精神沉郁，常蹲伏于僻静处，羽毛松乱或被稀粪污染，拉痢初期粪便稀带白色或绿色，严重时变成黏液或血痢。

剖检：死鸟可见肠道炎症病变。

【诊断】根据发病情况、临床症状和剖检病变可作初步判断。确诊需要实验室进行细菌学检查。

【防治方法】

预防：加强饲养管理，合理饲养，搞好饲料、饮水和饲饮器具清洁和笼舍卫生，平时注意供给充足饮水。

治疗：病轻可在饲料中掺些木炭末，饲料中拌入氟哌酸粉，每千克体重 10 毫克，每天 2～3 次，连用 2～3 天。严重时酌情选用抗生素如庆大霉素等药物治疗，如服用磺胺胍，每次每只用量 1/8～1/4 片，每日 4 次，连服 2～3 天；或口服黄连素片，每天 2 次，每次 1 片，连服 3 天。

七、鸽痘

鸽痘是由鸽痘病毒引起一种高度接触性传染病。此病秋冬两季最流行，传染 4 天，鸽群密度较大，传染率较高。

【症状】潜伏期 4～14 天。因鸽痘病的部位不同分为皮肤型、白喉型及混合型 3 种。①皮肤型鸽痘：在鸽没有羽毛生长的皮肤上形成结痂，常见于眼周围、喙和脚上。②白喉型鸽痘：鸽喉部和喙部形成 1 层黄白色干酪样伪膜，恶臭不易剥落。若有细菌感染喉部，伪膜增大，影响饮食和呼吸。③混合型鸽痘：上述两种症状均出现。

【诊断】根据流行特点，临床症状和剖检变化可作诊断。确诊需采集病料进行病毒的分离与鉴定。

【预防方法】

预防：经常注意饮水器的消毒，有利于防治鸽痘或其他传染病。

治疗：皮肤型鸽痘用消毒刀子和剪子将鸽痘剔除干净后，涂上碘酒或紫药水，不久即好。口腔、咽喉内的黏膜型鸽痘可用镊子取出。然后用浓盐水或其他药物对痘面消毒，再给鸽食用一片抗炎灵或半片红霉素即可。

八、农药中毒

鸽误食了喷洒过农药的稻谷作物等而发生中毒。

【症状】鸽鸟发生慢性中毒后往往不表现明显的症状就中毒死亡。慢性中毒的鸟嗉囊积液、不食，肺无力，口腔内黏液增多或流涎。严重时因呼吸困难窒息死亡，死后头和两脚向后伸直。

【防治方法】

预防：平时注意饲料、饮水的管理防止农药污染；农药不能与饲料放在一起。选用高效低毒，使用杀虫剂防止鸟体寄生虫，并要严格控制杀虫剂的浓度和用量，发现鸟农药中毒应及时对症施治。

治疗：农药品种繁多，治疗本病先了解何种农药污染了饲料引起鸟中毒，如鸟误食有机磷农药中毒，可肌内注射解磷定，注射量为 0.01～0.02 克/千克体重。也可肌内注射硫酸阿托品。严重农药中毒及时采用嗉囊切开术，取出内容物，疗效好。具体操作方法：先拔掉嗉囊切开处羽毛，用 75% 酒精或白酒消毒切口及其周围，然后用消毒刀片或手术刀切开嗉囊，取出内容物后用食盐水冲净嗉囊，最后用针线依次缝合嗉囊和皮肤，术部涂擦碘酒消毒，防止切口发炎，以后则让鸟"少食多餐"，直至伤口愈合为止。

九、便秘

鸟便秘是由于鸟肠管的运动和分泌机能减退而引起的粪便干结排粪不畅或停滞的疾病。常致肠管阻塞或不全阻塞。主要是由于饲养管理不当，饲料调配不当或长期饲料单调，缺乏青绿饲料和沙粒、纤维饲料，加之饮水不足，饲料中混杂有大量的泥沙或异物，饥饱不均，运动不足，或因患某些热性病和蛔虫病引起。

【症状】病鸟精神不安，羽毛松弛，腹部饱满，食欲减少或废绝，粪干，常做排粪姿势，起初可排出少量干粪粒，常附白色的黏液，后期则停止排粪。腹部胀满。病情严重有脱水及中毒明显症状，如不及时治疗，常引起死亡。

【诊断】确诊可摸到充满干结粪便的条索样肠管。

【防治方法】平时加强饲料管理，注意饲料的合理搭配；要求多样化，日常供给充分青绿多汁饲料，需喂干硬饲料，喂前要浸泡，含粗纤维多的饲料应粉碎，并保持充足的清洁饮水。

十、软嗉囊病

鸟软嗉囊病又叫嗉酸酵病，是因鸟采食了发霉变质容易发酵的饲料或不洁的饮水而致病。有的鸟觅食力强，很易过食，病鸟的嗉囊明显肿胀势更加严重。

【症状】病鸟表现为精神委顿、食欲降低、爱饮水，由于嗉囊内饲料发酵产气致使嗉囊积存大量气体，用力挤压时，柔软而有弹性，常从鼻孔及口中流出酸臭的气体和黏液。严重者嗉囊肿胀发炎、收缩力减弱、颈部反复伸直、呼吸极度困难、最后因麻痹窒息而死亡。如病期延长转为慢性，嗉囊常肿大而下垂，生长缓慢。

【诊断】嗉囊膨大，触诊嗉囊柔软而有弹性，常从鼻孔及口中流出酸臭气体和黏液即可诊断。

【防治方法】

预防：加强饲养管理，喂食要定时定量，不要一次喂食过饱。防止喂坚硬不易消化的或发霉腐烂的和易于发酵的饲料，并防止各种食物中毒。

治疗：排出嗉囊内容物，将病鸟的后部抬高、头朝下，拨开鸟喙，同时轻轻按摩嗉囊以排除嗉囊内的液体，继而以细小软胶管的注射器将生理盐水注入嗉囊冲洗 2～3 次，冲洗液排出后继之喂服酵母片或乳酶生等助消化药物。同时停喂食 1 天，并适当控制饮水，数天后正常喂给易于消化饲料。如嗉囊内有不易排出的异物，可采用手术刀切开嗉囊取出异物再缝合切口，并用白酒消毒。

▌十一、皮下气肿

鸟的皮下气肿是一种散发性疾病。主要由于鸟特殊的器官如气囊、肺、气管等呼吸道和体壁组织在日常饲养管理过程中操作或抓捕不当而受到损伤后，空气进入皮下蓄积造成的。此病小鸟多发。

【病状】一般鸟周身皮下气肿状如皮球样，触之有弹性，敲打如鼓，严重者鸟体皮下均可气肿，全身皮肤明显膨隆。此病小鸟多发。

【诊断】根据临床症状即可诊断。

【防治方法】

预防：及时加强日常管理，减少惊吓，各种操作和捕捉动作避免损伤。

治疗：治疗本病的主要方法是在积气部位反复刺穿放气和消炎。可用较粗的注射用针头刺破皮肤放出皮下积气体。若是由于骨折或其他严重创伤引起的皮下气肿，除按上述方法放出气体外，还需处理骨折和治疗创伤。

十二、鸟类葡萄球菌病

本病病原为金黄色或白色葡萄球菌。其抵抗力相当强，在干燥的环境中能存活几个星期，60℃经20分钟才能杀死，普通浓度的石炭酸、福尔马林需30分钟才能杀死，70%酒精可于数分钟内将其杀死。葡萄球菌在自然界中分布很广，在人、畜、鸟的皮肤上也经常存在，主要由皮肤创伤和毛孔入侵，引起化脓性炎症。此病对各种动物都有易感性。

【症状】

（1）急性败血型：病鸟体温升高，精神委靡，羽毛松乱，缩头闭眼，两翅下垂，呆立不动，无食欲，有的下痢，排灰白色稀粪，同时伴有局部炎症，大多是胸部和翼下出现紫黑色的浮肿，用手触摸有明显的波动感。

（2）关节炎型：病鸟腿、翅的一部分关节（最常见的是飞关节和足部关节）肿胀，热痛，逐渐化脓，足趾间及足底形成较大的脓肿，有的破溃。

（3）脐炎型：脐炎与卵黄囊炎的病原菌大多是大肠杆菌，杂以沙门杆菌和葡萄球菌等，但也有的以葡萄球菌为主。一般来说，发病率比大肠杆菌引起的脐炎发病率低。

【诊断】根据流行特点，临床症状和剖检变化可作诊断。确诊需采集病料进行病毒的分离与鉴定。

【防治方法】

平时要注意清洁卫生，避免鸟的皮肤损伤。对葡萄球菌有效的药物有青霉素、广谱抗生素和磺胺类药物，但有耐药性的菌株比较多。通常首选的药物是新生霉素，其次是卡那霉素和庆大霉素。每千克饲料加新生霉素 0.375 克，连用 5~7 天。

十三、鸟类链球菌病

鸟类链球菌病为链球菌感染所致。感染鸟类有金丝雀、各种雀类和鹦鹉。

【症状】本病为伤口部位的局部感染，患鸟脚部皮肤和组织坏死，出现跛行；感染翅膀时可见翅膀坏死或纤维蛋白性炎症，患鸟翅膀肿胀、腐烂，并有多量恶质液体，亦有出现卵黄性腹膜炎和眼结膜炎，引起全身性疾病和败血症的。有些鸟在感染后没有沉郁表现，而是精神兴奋、跳跃并发出尖叫声，在鸟笼内或鸟场内乱飞乱跳，跌跌撞撞。这种惊厥、共济失调和神经错乱可引起自我损伤，特别是对头部的损伤。

也有鸟类有病程较长的慢性胃肠道疾病。此时，病鸟排出不同颜色的稀薄粪便，气味恶臭。病鸟偶尔出现反胃、进行性消瘦、贫血、体重明显下降、羽毛松乱无光泽等现象。

【诊断】根据流行特点，临床症状和剖检变化可作诊断。确诊需采集病料进行病毒的分离与鉴定。

【防治方法】

（1）青霉素、四环素对本病有效。青霉素与庆大霉素合用时，效果更好。

（2）对病鸟实行良好的护理，提供合适的环境温度，初期给予温和轻泻剂和易消化的饲料。

十四、啄羽癖

啄羽癖是鸟类自啄鸟体某部羽毛早成过度脱落羽毛的异食癖。主要原因是饲料中营养成分不足、笼内养鸟过于拥挤，过热管理不当，通风不良，也有体外寄生虫病而引起啄羽病。多发于鸟换羽期和产蛋高峰期。

【病症】由于鸟类自啄或互啄使鸟体羽毛不正常的脱落，开始零星发生，多见于头部、背部，严重的全身羽毛被啄落。继续发展到整个鸟群，病鸟表现营养不良、消瘦，严重影响鸟的健康和产蛋。甚至有的被啄伤致死。

【防治方法】

预防：要合理配搭喂料、饲料要多样化，给予全价日粮；同时要保持鸟的环境稳定，防止鸟受惊。笼鸟不能过于拥挤，并要防止过热。同时要搞好清洁卫生和定期杀灭体外寄生虫。

及时发现、隔离、淘汰那些具有啄羽恶癖的顽固鸟。

治疗：①蛋白质缺乏引起的啄羽：喂鸟的饲料营养成分要配合全面，特别是蛋白质饲料不能缺乏，最好喂一些鱼粉、肉类等动物性饲料，增加蛋类等含蛋白质多的营养素，对防治本病具有重要的作用。②硫缺乏引起的啄羽：这种啄羽属单纯性的，可在日常口粮中加喂羽毛粉或硫酸钙（即天然性石膏磨成粉即可）每只鸟每天补充 0.1~0.3 克；也可把鸟类羽毛烧成灰伴在饲料中，连喂 3~5 天；或在饲料中补给含硫的添加剂。③缺盐引起的啄羽：可短期在日料中加 2% 的食盐，连续喂给 3~4 天，以后可减至正常用量。

十五、球虫病

球虫病是由鸟类感染一种或多种单细胞球虫引起的疾病。如鹦鹉易感染艾美耳属球虫。病鸟通过粪便排出孢子化卵囊，鸽吃了带孢子化卵囊而致病。表现精神沉郁，食欲减退或不食。

【病症】病鸟拉水样稀粪呈绿色，有时带血呈红褐色，大量饮水，体质瘦弱。球虫常在童鸽体内大量增殖，导致死亡率高，

剖检见全部肠管发炎充血和出血。

【防治方法】

预防：养鸟密度不宜过大，笼舍应于干燥，搞好环境卫生。发现病鸽应及时隔离治疗。

治疗：①乳鸽青霉素 7 000~10 000 单位，青年鸽青霉素

1万~2万单位，饮水给药或肌内注射，1日2次，连用3天。②口服磺胺二甲嘧啶，每次半片（0.25克）或口服呋喃西林5毫克，每天1次，连服3~5天。

十六、鸟蛔虫病

鸟食了患有蛔虫病鸟粪污染的饲料、饮水、保健砂等均可发生蛔虫病。笼养鸟，鸽、鹦鹉类，雀形目的鸟，尤其是幼龄鸟和青年鸟易受感染。

【症状】鸟蛔虫寄生在消化道内，尤其是小肠内，病鸟表现精神委顿，头缩翅垂，羽毛失去光泽，精神不振，羽毛松乱，上下眼睑轻微浮肿，眼睑周围毛脱落，眼睛常闭合，食欲明显减退，有时少食或整天不食；投料时病鸟慢慢接近食槽而不啄食，有时拉淡黄色稀粪，生长发育迟缓逐渐消瘦。甚至出现抽搐等神经症状。当虫体大量寄生有出血性肠炎和贫血。甚至因虫体阻塞肠道而引起死亡。

剖检：肠道内有炎性分泌物和虫体。

【诊断】根据鸟体逐渐消瘦，生长发育迟缓，可用驱蛔药物作诊断性驱虫。确诊需作粪便检查，以发现虫体或虫卵。

【治疗方法】

预防：加强饲养管理，搞好清洁卫生，每天要清理鸽粪及污染饲料和饮水；鸽舍食槽以及饮水器要经常擦洗，定期消毒。

治疗：可口服枸橼酸哌嗪，每天每次喂半片（0.25~0.5克）幼鸟酌减量，或用驱虫净（四咪唑）或肠虫请混料喂，碾碎晚上喂服，每2~3个月驱虫1次。大群鸟可按鸟的体重计算药用量，将药溶于水或混入保健砂内一起喂。

十七、绦虫病

鸟的小肠里有一种小型绦虫寄生引起。绦虫尾蚴寄生小肠，吸取小肠黏膜上的养分。该病因鸟类吞食了昆虫鱼虾或菜叶里含有绦虫卵的饲料后引起。

【症状】病鸟主要表现为精神不振，常有羽毛松乱失去光泽，口腔内分泌物增多，食欲下降、贫血、异嗜，生长发育受阻，腹泻、拉黄绿色稀粪，消瘦。最后因极度衰竭而死。

【诊断】通常用药物诊断，检查粪便中孕卵片即可确诊。

【防治方法】

预防：加强饲养管理，搞好清洁卫生，定期检查粪便，消除中间宿主。注意粪便堆积发酵处理。

治疗：①左旋咪唑用量0.01%~0.02%，每天1~2次，饮水治疗量为0.01%，每天1~2次连用3~5天。此外用驱绦灵，硫双二氯酚，吡喹酮等治疗均有较好的疗效。

十八、羽虱

羽虱属于食毛目的吸血昆虫，是禽鸟体表羽毛上常见的寄生虫。羽虱多因鸟笼舍矮小潮湿，饲养密度大，卫生差引起，鸟体得不到沙浴或水浴，可促使羽虱的传播，羽虱有长形虱和圆形虱两种。

【症状】寄生于患鸟的头颈和羽翅内吸取血液和蛀毛。鸟羽虱以鸟的羽毛和皮屑为食，使羽毛易磨损和断裂而粗乱不堪。患鸟表现不安，失神无力，不断用喙啄痒或用爪搔痒，伤及皮肉，使羽毛脱落，甚至破皮出血，鸟体逐渐消瘦，使鸟生长受阻，产蛋量减少。最后衰弱而死。

【防治方法】

预防：加强鸟体卫生及饲养管理，防止外来鸟带入羽虱；同时搞好鸟舍笼、栖架及一切用具的杀虱和消毒工具。包括清楚和烧毁脱落的羽毛，垫料。

治疗：①温暖季节用烟叶1份，水20份煮1个小时，待凉后用水溶液让病鸽洗澡。用0.2%～0.3%的敌百虫水溶液，供鸽水浴。②用0.0012%溴氰菊酯喷洒鸟舍用具和鸟羽，间隔10天以后重复喷洒1次，以杀死新孵出的幼虱。③鸟体有羽虱也可应用除虫菊治疗。

十九、鸟马立克病

鸟马立克病又称传染性肿瘤病。病原：马立克病病毒属于疱疹病毒群的B亚群病毒。病鸟的外周神经、内脏器官、性腺、眼球红膜、肌肉及皮肤发生淋巴细胞浸润和形成肿瘤病灶，最终因受害器官功能障碍而死亡。本病主要感染禽鸟类，哺乳动物不会被感染。有囊膜的完全病毒自病鸟羽囊内排出，随皮屑、羽毛上的灰尘及脱落羽毛散播，飞扬在空气中，主要由呼吸道侵入其他鸟体内，也能伴随饲料、饮水由消化道入侵体内。病鸟的粪便和口鼻分泌物也具有一定的传染力。

【症状】根据病变发生的主要部位与症状，本病可分为3种类型：神经型、内脏型、眼型，有时也可混合发生。神经型：主要侵害外周神经，最常侵害坐骨神经，常见一侧较轻一侧较重，刚发生时不完全麻痹，步态不稳，以后完全麻痹，不能行走，蹲伏在地，一只腿伸向前方，另一只腿伸向后方，成为一种特征性姿态；臂神经受侵害时，则被侵侧翅膀下垂；当支配颈部肌肉的神经受侵害时，病鸟发生头下垂或头颈歪斜现象。内脏型：常侵害幼鸟，死亡率高，病鸟主要表现为精神委顿，不吃食，病程较短，常突然死亡。眼型：发生于一眼或两眼，丧失视力。

【诊断】根据发病情况、临床症状和剖检病变可作初步判断。确诊需要实验室对病鸟的周围神经（如坐骨神经）作组织切片检查。

【防治方法】本病无特效药物治疗，预防接种疫苗为上策。

平时笼具要严格清扫与消毒，有幼鸟的笼具必须远离其他年龄的成鸟。饲料中适量加些维生素，防止感染其他疾病。

二十、肿眼病

此病由鸟衣原体所致。在夏季，尤其是温度高于30℃时，牡丹鹦鹉最易出现肿眼病。有些人不明病因，随便喂消炎药和涂软膏类药物，不但不见好转，反而贻误病情，造成90%以上的鸟死亡。

【症状】肿眼病和一般鸟眼发炎、外伤红肿不同，初发现肿眼病时，鸟体内患病已有10天左右，如果解剖鸟体，体内器官——肝、肠或其他部位已有出血点，发生了霉烂现象。再看眼，眼里含有泪水，身体明显消瘦，乍毛，厌食，还有的鸟出现拉稀现象，粪便形状是中间为绿色的条状，周边为水样。鸟衣原体还可导致鸟喘粗气，肺部有湿啰音，性情急躁，伏窝时出现啄羽和咬死小鸟现象。

【防治方法】发现肿眼，马上要将病鸟隔离，对病鸟和其他鸟都要进行消毒。一般的药对本病没有治疗效果，如眼药水、眼药膏等，不但治不好病，反而起反作用，造成病情加重，眼会进一步肿胀并封起来。封起来后严重者失明，稍轻的眼皮带肉瘤或有白黄色分泌物。以前已知其病因，但对治疗方法掌握甚少，经过几年研究，北京野生动物保护中心研制出胶囊6号、胶囊7号，对治疗此病效果显著。凡发现肿眼者，室内、笼具等都要消毒，防止传染。

二十一、维生素缺乏症

● （一）维生素 A 缺乏症 ●

维生素 A 是保护皮肤、黏膜等的重要物质。如果缺乏它，就会在眼、鼻、口腔等处流出黏液性或化脓性渗出物，常见口腔黏膜溃疡，眼睛出现眼膜炎并有分泌物，拉稀且有腥臭味，不思饮食，羽毛没有光泽。

【防治方法】可用鱼肝油或维生素 A 直接滴入饲料中进行治疗，平时可经常喂些带黄颜色的新鲜蔬菜，如胡萝卜等。

● （二）维生素 D 缺乏症 ●

维生素 D 是促使钙和磷吸收、增强骨骼发育的一种物质。

如果缺乏维生素 D 就会生长停滞，腿部弯曲，关节肿大，胸骨突起，两脚无力，喙和爪软化，称为佝偻病或软骨病。

【防治方法】用鱼肝油加入饲料中便可。平时常晒太阳，饲料中加点蛋壳粉或贝壳粉。

● （三） 维生素 B 缺乏症 ●

维生素 B 在碱性环境中容易被破坏。缺乏它时，生长就缓慢，体质变弱，消化不良，趾和爪向内弯曲，腿部肌肉萎缩。此外全身羽毛松散无光泽，严重时坐于笼底全身抽搐，且时好时犯。

【防治方法】预防维生素 B 缺乏症的最好办法是在饲料中酌量加一些花生粉、鱼粉或骨粉等。除此之外，平时还应多喂一些水果或绿叶蔬菜。

● （四） 维生素 C 缺乏症 ●

因新鲜的蔬菜中都含有丰富的维生素 C，故一般情况下不会患维生素 C 缺乏症。但在生长期以及发生骨折、撞伤时，维生素 C 的需要量大增，如饲料调制不当也会发生此病。一旦缺乏维生素 C，就会引起坏血症，毛细血管发脆，容易出血，骨质也变得脆弱。

【防治方法】防治鸟维生素 C 缺乏症的防治方法很简单，就是平时多喂新鲜蔬菜或添加维生素 C。

● （五） 叶酸缺乏症 ●

叶酸是核酸正常代谢所需的重要物质，也是防止巨噬红细胞性贫血症发生的重要物质。如果缺乏叶酸，就会发生贫血，鸟躯体发育不良，羽毛凌乱不整，颜色晦涩无光，骨骼粗短。雏鸟表现为颈软，拉绿色粪便，腿、爪、喙苍白，并常发生撕羽症状。

【防治方法】就是平时多喂些水果、新鲜蔬菜。因叶酸不耐热，调制时要多加注意。

● （六）维生素 E 缺乏症 ●

维生素 E 是一种有效的抗氧化剂，它对消化道及组织中的维生素 A 具有保护作用。如果缺乏它，就会发生脑软化症，神经功能失常，运动系统发生障碍，表现为一迈步就跌倒，头、脚震颤，虽然仍有饥饿感，但嘴和舌的动作不协调，有时趾关节肿大。

【治疗方法】肌注维生素 E，第 1 天 20 毫克/千克体重，第 2 天 5 毫克/千克体重，同时口服维生素 E 5 毫克/天，3 天就可治愈。

二十二、螨虫病

螨虫属蜘蛛纲昆虫，成虫和蛹有 4 对足，而幼虫只有 3 对足，无明显的胸和腹。螨虫的种类很多，有草螨、恙螨、刺皮螨、林鸟刺螨、鸟刺螨、脱羽螨、鳞足螨、腿螨、气管胸口螨和气囊螨。螨种类虽多，但螨病的治疗方法大同小异。

螨虫病在笼养鸟中较为多见，栖息于高处和地面的鸟均会受到螨的侵袭。螨不吸血时，虫体为灰白色和褐色，足长，行动灵活，吸血后体积膨胀，呈鲜红色。它通常晚上爬上鸟体吸血，吸饱后藏于栖杠缝中、鸟笼和托粪盘下面。引进新鸟或与邻近鸟类接触是螨虫传染的途径。病鸟夜间休息不好，鸟体消瘦，贫血，羽毛脏湿而稀疏，没有光泽，毛易脱落，亲鸟不喂幼鸟，鸟体质下降，易患感冒等病。

螨虫的发育史大约需要 7 天。雌螨在吸血后 12～24 小时产卵。夏季经 2～3 天孵出第 1 期幼虫，第 1 期幼虫不吸血。再经 1～2 天蜕皮变为第 2 期幼虫，它吸血后变为成虫。此虫可传播霍乱。

驱螨可用以下几种方法。

林鸟刺螨：它的整个生活史，包括产卵，均在鸟体上，防治方法是用 0.25% 的敌敌畏乳剂、蝇毒磷、敌虫菊酯或溴氢菊酯等喷洒栖杠、鸟笼、器具，亦可用开水烫和太阳晒等方法消灭螨虫。

恙螨：幼虫期是寄生生活，成虫期栖居于林间草地、灌木丛中，幼虫不吸血时肉眼看不见。它对生活在地面上的鸟危害严重，吸血后，螨的毒素引起鸟发生毒血症死亡。因此，鸟场地面的卫生消毒尤为重要。有螨污染的地方可用除螨剂除螨。使用时，应注意鸟中毒问题。病鸟可用抗生素软膏、组胺等进行对症治疗。

脱羽螨：家养鸟少见，但有时侵袭鸽、雉和家鸟，使之羽毛脱落及杂乱无章。防治的唯一办法是给患鸟药浴（喷药无效），1 周后重复 1 次。其他螨：鳞足螨可引起鸟腿皮肤呈鳞状。气管胸口螨和气囊螨寄生于呼吸系统中。病鸟体质下降，呼吸困难，羽毛松乱，咳嗽，嗜睡。

治疗可用马拉硫磷粉，喷入鸟的气管中，持续 5 分钟。1 个月后，再重复用药 1 次。如用虱螨消，用 1:2 的比例，就是 1 份药液加 2 份清水，用棉花沾药水后往病鸟身上涂抹即可。在鸟体上最常见的蜱是鸡蜱和翅缘锐缘螨，后者通常寄生于鸽子、麻雀及燕子身上。蜱在鸟迁移过程中，常常机械性地传播人畜传染病。有些蜱对宿主有严格的选择性，有些蜱寄生动物广泛，包括人、哺乳动物和鸟。笼养鸟的感染呈散发型，感染源是野鸟、哺乳动物等。

蜱：

蜱分软蜱和硬蜱，硬蜱背上有一角质甲，是寄生性蜱。在鸟体上，软蜱比硬蜱多。软蜱在吸血过程中，能传播其他疾病，如螺旋体病、鸟埃及孢子虫病。孢子虫病能感染一些鹦鹉。而硬蜱可作为布氏杆菌病、炭疽和麻疹病的带菌者。病鸟可在头部、颈和羽毛稀少的地方见到成熟的蜱。吸血后的蜱像红豆大小，数个在一起，病鸟严重贫血，瘦弱，发育减慢，食欲下降，羽毛松乱。

防治鸟蜱可用杀螨药，隔2周在晚上对鸟进行喷药，同时要对整个鸟舍进行喷药。不要强行将蜱从皮肤上拿下，以免造成外伤。可用氯仿或乙醚棉花团放在蜱上，然后慢慢将其拔下。在经常有蜱发生的地方，应每隔3个月对鸟笼、器具进行1次预防性喷药。

二十三、肥胖症

肥胖症即脂肪过多，其外部表现是体形肥胖。若用嘴吹开鸟腹部的羽毛，就能看到皮下一层黄色的脂肪。患鸟行动迟缓、笨拙，鸟不爱叫，不愿卧下，也不愿飞翔，稍一飞就呼吸急迫。由于体内脂肪堆积过多，影响心脏跳动，供血困难，造成鸟喘气，严重时可发生猝死现象，受惊吓或轰赶都会造成死亡。亲鸟肥胖症直接影响鸟的受精率、孵化率和成活率。

【防治方法】控制饮食，加大运动量。可将病鸟放入大笼中，增大运动空间，有条件的可放于室内，让其多飞、多动，消耗脂肪。要少喂苏子、蛋黄，增加青绿饲料。喂青饲料时要注意防止农药中毒，应洗净、阴干，不要带水，以免鸟儿吃食后拉稀。对肥胖症的鸟要逐步地消耗，不要过于性急，以免鸟承受不住环境及食物的突然变化。发生肥胖症的鸟必须注意少喂蛋米，可单纯喂小米、谷子，这样肥胖症状就会减弱或消失。

二十四、蛋阻症

雌鸟产蛋时，如果蛋阻塞在输卵管中，排出困难，称蛋阻症或难产。造成此病的原因大多是雌鸟营养过剩，肥胖，有时也有鸟蛋过大的原因。输卵管分泌液不足，输卵管发炎，难产的几率也较高。

【症状】发现难产时（腹部膨大，焦躁不安，伏巢不起，羽毛竖起，呈排粪状）。

【防治方法】可向雌鸟泄殖腔内滴2～3滴篦麻油，然后用手抚摸腹部，使鸟蛋得以润滑，再把鸟放入巢内让其自行产蛋。如果这样还产不出来，则将雌鸟的嘴掰开，滴2～3滴普通白酒，促进鸟血液循环，用湿布热敷泄殖腔，并轻轻压迫雌鸟的腹部，使鸟蛋排出。如还不行，只有用镊子或探针伸入泄殖腔内把蛋捣碎，使其排出。若有炎症，泄殖腔周围红肿，可涂消炎软膏和碘酒、红药水。

二十五、尾脂腺炎症

尾脂腺有分泌油脂涂擦羽毛，使鸟羽色鲜艳、羽毛不透水的作用。尾脂腺分泌物中还含有角固醇，涂在羽毛上经日光紫外线作用，能转化为维生素 D，被鸟皮肤吸收。如果不让鸟洗澡，或由于笼条将尾脂腺刮伤等都可引起尾脂腺发炎。

【症状】表现为腺体红肿，鸟体温升高，尾部肿大，羽毛竖立，食欲不振，有人把这种病叫"起尖"。

【防治方法】由前向后轻轻挤压尾脂腺，将阻塞腺体的黄白色分泌物挤掉，用脱脂棉擦净，再在腺体上涂碘酒，3～4天后可治愈。如若红肿不退，还可再挤 1 次，再涂上碘酒。病鸟要多喂清洁饮水，增加苏子和蛋黄等高营养食料，使其体力尽快恢复。

在治疗期间，鸟笼不要随便移动，环境不能忽冷忽热，并保证室内空气流通。

需注意的是，夏季蚊虫叮咬或外伤后粪便污染，或栖杠、笼条使鸟趾感染等均可引起本病的发生。

二十六、爪伤和骨折

爪伤往往由栖杠上的毛刺和笼子铁丝的倒钩引起的。

【症状】表现为发炎或脓肿。

【防治方法】可用温水将粪便清洗干净，然后涂上消炎膏，或用消毒过的针将脓疱挑破，排脓后涂上红药水。脓肿未破时可涂碘酒。

有时鸟遭意外而导致翅膀或腿部骨折。翅膀骨折一般无法恢复。腿部骨折可用火柴盒的木皮做夹板，夹在患部的两侧，并用线绑好，把鸟放在小木盒中，减少活动量，保持干燥、安静的环境，并增加蛋黄等饲料，促进骨骼愈合。7～9天后即可去掉夹板，逐渐恢复腿的功能。

鸟爪要注意及时修剪，如果太长则影响鸟的运动和交配，也极易发生意外。

二十七、鸣叫失音症

鸣鸟突然不鸣称为失音。病因目前还不十分清楚，可能是如下几种原因造成的：一是从温暖处突然移到寒冷处，喉管受刺激而造成；二是喉管和鸣管患有疾病影响鸟的鸣叫；三是鸣肌撕破或鸣肌疼痛；四是突然受惊吓。

【防治方法】鸣鸟失音不好治疗，根据有养鸟经验者介绍，将失音鸟放入温暖处，冬季室温宜在16℃以上。也可用一碗水加3滴葡萄酒让鸟饮用。

第四节　防治鸟病的常用药物

一、常用消毒药物

饲养玩赏鸟，应配备一些常用药品，以便日后鸟儿受伤能及时给于治疗。

（1）酒精：常用70%的酒精作消毒用，如创伤消毒。

（2）碘酊：碘有强大杀菌、杀霉、杀芽胞原虫和螨虫的作用。临床上用碘与醇配制成2%～5%溶液，称碘酊，用于消毒皮肤，对局部创伤有消毒作用，药效时间长。对蚊子叮咬引起的皮肤红肿发炎有疗效。

（3）紫药水：又称龙胆紫，对革兰氏阳性菌有选择性抑制作用。一般皮肤的破损或擦伤涂用。

（4）高锰酸钾：为一种紫黑色结晶体，有金属光泽，易溶解于水，是一种强氧化剂。需要保存于棕色玻璃瓶中。常用0.1%～0.5%的水溶液冲洗伤口或饲料用具的消毒。

（5）新洁尔灭：本品为阳离子清洁剂，广谱抗菌，对部分真菌和病毒也有效。新洁尔灭易溶于水，毒性低，无刺激性，常用0.1%浓度消毒鸟笼等用具。

（6）甲醛：就是俗称的福尔马林，杀菌力强，能杀灭芽胞、病毒。是鸟笼和笼舍的消毒剂，一般配成5%～10%的溶液，可以用作表面消毒，也可以与等量高锰酸钾混合，发烟熏蒸房舍。

二、抗菌素类药物

●（一）土霉素●

抗菌谱广，对霍乱、沙门氏菌、大肠杆菌、衣原体等均有疗效。此药毒性低，安全性好，是观赏笼鸟常用的药物。饲喂治疗时应按0.1克/100克体重使用。

● （二）　四环素 ●

抗菌作用与土霉素相似，但对一般细菌的作用稍强于土霉素，特别是对大肠杆菌和变形杆菌效果更好。

● （三）　链霉素 ●

针剂，亦可经饮水给药，在水中较稳定。主要治疗霉形体病和传染性鼻炎，有高效。对其他革兰氏菌虽有效，但非首选药物。用量每千克饮水中加 1 克，连用 3～5 天。雏鸟需慎用，需用时，经饮水给药，浓度要低。

● （四）　青霉素 ●

针剂，口服时大部分被胃酸破坏，仅出壳后 2～3 天以内的雏鸟可经饮水给药，在水中效力维持 1～2 小时，故使用很不方便，不常应用。对霍乱、沙门菌病及葡萄球菌病有效，与链霉素合用可增加效力，对霉形体病、球虫病无效。雏鸟每天 4 000 单位，分 2 次饮水给药。

● （五）　庆大霉素 ●

针剂，人用的每支 4 万或 8 万单位，兽用的每支 10 万或 20 万单位，也有其他规格。本品为广谱抗生素，对沙门氏菌、大肠杆菌、葡萄球菌及霉形体等均有高效。口服吸收较差，作用主要在肠道，治疗肠道以外的感染最好采取注射。经饮水给药时，每千克饮水加 4 万～8 万单位，连用 3～5 天。

● （六）　卡那霉素 ●

针剂或片剂，注射的效力优于口服。对沙门氏菌、大肠杆菌、多杀性巴氏杆菌及葡萄球菌有高效。用量每千克饮水加 12 万 ~ 15 万单位，连用 3 ~ 5 天。

● （七） 复方泰乐菌素 （泰乐加） ●

含泰乐菌素、硫氰酸红霉素及维生素 A、维生素 D、维生素 E 等，易溶于水。主治败血霉形体病 （慢性呼吸道病），对革兰氏阴性菌感染如大肠杆菌病、沙门菌病等均有良好疗效，对盲肠炎亦有效。本药较昂贵，一般用于慢性呼吸道病，兼有其他感染时更适宜使用。治疗量每千克饮水加 2 克，预防量减半，连用 3 ~ 5 天。

● （八） 制霉菌素 ●

对各种真菌都有抑杀作用，常用于治疗曲霉素菌病、白色念珠菌病和冠藓等真菌病。口服不容易吸收，多用于体表皮肤或黏膜的真菌性感染。

三、磺胺类药物及抗菌增效剂

● （一） 复方敌菌净 ●

白色粉剂，可用于球虫病、沙门菌病及消化道的经菌性感染。本药因用量较小，在消化疲乏吸收率较低，故安全性好于其他磺胺类药物。用量每千克饲料拌入 300 毫克，连用 3 ~ 5 天。

● （二） 复方新诺明 ●

对付葡萄球菌、大肠杆菌和多杀性巴氏杆菌作用较强，疗效较好。用法用量：0.01% ~ 0.02% 混饲，连用 2 ~ 7 天。

四、驱虫类药物

●（一）丙硫苯咪唑●

本品是一种广谱、高效、低毒的驱虫剂，安全范围大，对多种成虫、绦虫、吸虫有效果。用法用量：15～25 毫克/千克体重，口服。

●（二）马拉硫磷●

本品的毒性低，对于各种螨类、蜱、虱等体外寄生虫都有良好的杀灭作用。用法用量：1.25％喷雾，或用爽身粉配成4％的浓度撒粉。

●（三）除虫菊●

本品的毒性低，安全可靠、无残毒，但是作用的时间短，经常用于消灭鸟类的体外寄生虫。用法用量：用2％～3％的溶液喷洒。

●（四）左旋咪唑●

本品为25毫克的小片剂或5％的针剂。用于驱除鸟类蛔虫、异刺线虫等寄生虫，效力好，毒性低。

●（五）氯苯胍●

本品为黄色粉末，不溶于水，对球虫病有特效。

●（六）杀球灵●

本品是比利时杨森制药公司新近研制的高效抗球虫药。以1毫克/千克体重的浓度混入饲料，可预防鸟球虫病。

第五章 观赏鸟剥制标本制作与保养

第一节 观赏鸟类剥制标本制作

观赏鸟类五彩缤纷的羽饰，其皮张剥制的标本不仅可作为家庭装饰品，而且可以提供教学科研和展览用。根据其用途可分为陈列标本和研究标本两种。陈列标本亦称活形标本或生态标本，剥制成鸟类生活时的形态标本；研究标本亦称假剥制标本，或死标本——标本制成后，僵直平放。

一、工具、器材和药品

● （一）工具、器材 ●

解剖器、骨剪、钉锤、钢丝钳、大号搪瓷盘、铁丝、棉花、纱布、竹绒、台木、针、线、颜料1盒、毛笔、玻璃义眼等。此外，还要各种鸟类剥制标本支架用的铁丝或铅丝。铅丝号数8～24，相应的铅丝直径0.56～4.19（毫米），根据各种鸟体大小种类选用。

● （二）常用药品●

主要有防腐药物、防虫蛀药物和增加光泽油漆。

1. 三氧化二砷为灰色粉末，性剧毒，具有防腐及吸收皮肤水分的功能。市售为块状需研磨成粉末使用。使用时应戴口罩胶手套。制作者手破伤时不宜使用。

2. 樟脑

此物为无色透明晶体，具有驱虫防蛀及抑制腥味臭味的功能。

3. 乙醚

此药易燃，氧化后毒性增加，用作麻醉剂。

4. 酚醛清漆和各色油漆

涂在动物的缘、脚等处，可增强光泽，并为玻璃义眼调色之用。

5. 明矾粉

此物具有硝皮防腐及吸收水分功能。研末备用。

● （三）常用防腐剂的配制方法●

1. 三氧化二砷防腐粉

具有防止毛皮腐烂、虫害侵袭和保护被毛不脱落的功能。主要用于多水分多脂肪的皮毛。此药剧毒应严加保管，不要随意乱放，避免发生中毒事故。

2. 三氧化二砷防腐膏

成分为三氧化二砷 5 克，普通肥皂 4 克，樟脑 1 克（研磨成粉）。

配制：先将肥皂切成薄片，放入烧杯，加水浸泡数小时，再加热溶化，倒入已配好的三氧化二砷和樟脑粉末，搅拌均匀，使成膏状使用。

二、标本的选择和处理

剥制用鸟类标本，不论死体或活体，都必须羽毛完好，四肢、喙、足完整无损，如系捕捉或饲养的活鸟，在剥制前1～2小时处死，其方法与制作骨骼标本相同，目的是使血液凝固，避免制作时血液外流，沾污羽毛。死鸟标本，如已腐败则不能使用，否则制作后日久羽毛会脱落下来。检查方法：用手指揪拉面颊和腹部羽毛，如不脱落，证明未腐可用。在制作前，鸟体沾污时用清水洗净，遇有血迹，须加肥皂粉洗涤，洗后擦干水分，放搪瓷盘内，撒上新鲜石膏粉或草木灰（羽毛白色忌用草木灰），待石膏粉结成块状，用手提起标本，轻轻拍打，石膏块落下，羽毛蓬松自然；如羽毛尚未干燥，依法重复1～2次。羽毛洗涤后，不用石膏粉或草木灰吸水，让其自然干燥的，往往羽毛不能蓬松，很不美观。

三、测量和记录

教学和科研用的剥制标本，都必须进行详细的测量和记录，供分类、研究参考之用。没有测量和记录的标本，是没有任何价值的。关于测量记录的方法，请参阅鸟的分类一节。

四、鸟类皮肤的剥离

剥制标本是一项细致的工作，初次剥皮往往有撕裂皮肤，剥落羽毛的现象，因此要认真细心，按次序进行，就一定能学会。根据切口位置不同，分为胸剥法和腹剥法两种。

1. 胸剥法

把鸟体仰放在搪瓷盘内，用一小团棉花蘸水，将胸部要剖开部位的羽毛打湿，用解剖针把羽毛两边分开，露出表皮，用解剖刀沿胸部龙骨突正中线切开，以见肉为度。切口从嗉囊至龙骨突后端（图28），然后把皮肤向左右剥开，及至两肋，剥时随时撒些石膏粉，以减少污腻。

图28 翼的剖口线

（1）剪颈。在切口前端嗉囊前方，拉出颈椎，剪断颈椎（图29），左手拎起连接躯体的颈椎，右手接着皮缘慢慢剥离肱骨和肩部之间的皮肤。

（2）剪四肢。肩部皮肤剥至两翼基部时，将肱骨连骨带肉剪断，翼内肌肉等整个躯体剥离后再处理，继续剥背部和腰部。剥腰部时，要特别小心，尤其是鸠鸽类极易剥坏。剥至后肢时推出大腿，翻剥至胫骨，并在股骨与胫骨间关节处

图 29　颈项的截断位置

剪断。附着在胫骨上的肌肉则在胫附关节间剪断（图30）

图 30　后肢的剥离和胫、股骨的截断位置

1. 胫骨、骨关节的截断位置。2. 肌肉的截断位置

（3）剪尾。继续向尾部剥离，至尾的腹面泄殖孔时，用力在直肠基部割断，背面到尾基部，尾脂腺露出后，用刀切除干净，此时用刀在尾综骨末端剪断，剪断后的尾部内侧皮肤呈“V”形（图31）剪尾综骨时，容易剪断羽轴根部，造成尾羽脱落，所以这一剪要特别注意。躯干与皮肤这时已经完全脱离，应立即剖开腹部，检查生殖器官，辨认性别，以免遗忘。当然雌雄异色的就可不必了。

（4）剔除肌肉。剥出躯干之后，头、翼和皮肤上的肌肉，尚未除去，再进行下列处理：

剔除翼肌时将残留的一段肱骨用左手捏紧，用右手拇指指甲紧靠尺骨，慢慢刮剥附在尺骨上的羽根（次级飞羽的根

图31　尾部的截断位置

附生在尺骨上）。若大型鸟类，用指甲不易刮落，可用镊子柄或刀柄刮落，然后将尺、桡骨之间的肌肉除去（图32）如果要作两翼张开的飞行标本，不适用上法，可按图32方法，从翼下切开，剔除肌肉，切勿将羽根刮离尺骨，否则，飞羽会下垂，以致不能张开。

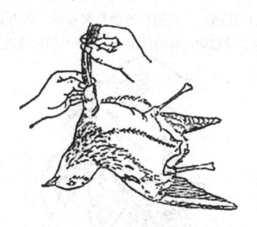

图32　翼的剥离

剔除头肌时将头部肌剥离以剥至喙的基部为止。先将气管与食管拉出，右手持颈项，左手以拇指、食指把皮肤渐渐向头部方向剥离，当剥到枕部，两侧出现灰色耳道，即用刀紧贴耳道基部，将基部割离（图33）。

图33　耳道的剥离

继续往前剥去，两侧出现黑色两眼球，用刀紧贴眼眶（图34），割离眼睑边缘的薄膜，用镊子从眼眶边沿伸入，取

图34　眼眶的剥离

出眼球、然后，在枕孔周围剪下头部（图35）用镊子夹住脑膜把脑取出，并用一团棉花将脑颅腔揩拭干净。

　　大部分雁形目中，某些鸟类，由于头很大颈很细，如按上述方法无法将头剥离，应先将颈项剪断，并在后头和前颈背中央直线剖开。切线的长短，以能将头部和颈项翻出为度（图35），切勿强行剥离，损坏皮肤羽毛，以致前功尽弃。

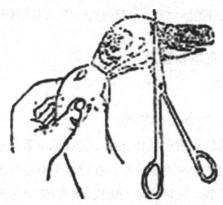

图35　头颅切断位置

　　鸟体剥好后，如果留有残脂碎肉，以后油脂必然渗出，污染羽毛，致使腐烂和虫害，剔除残脂碎肉，直至全部干净为止。

　　2. 腹剥法

　　从腹中央剪开，前至龙骨突后缘，后达泄殖孔前缘，注意不要剪破腹膜，以至内脏流出污染羽毛。然后将腹皮剥向两边，接着推出后肢并剪断，剥出尾部，剪断尾综骨和直肠，继续往下剥离，其法与胸剥法相同。

五、涂防腐剂

用毛笔蘸防腐膏涂于鸟体各部皮肤，再用棉花搓成与眼窝大小相等的小球塞满眼窝。脑颅腔内也应塞满棉花，即头部翻转还原。两翼桡、尺骨之间也塞些棉花，翻转过来。注意在剪断的股骨和肱骨的断面上，也要绕些棉花，以防划破皮肤。

六、充填和整形

●（一）生态标本装填●

主要是用铁丝或铅丝作支架，支持标本重量。铁丝的粗细，也以能支持标本重量为准。各种鸟类剥制标本支架用铅丝规格见参考表。例如雉鸡一般采用8号或10号铅丝制作支架，家鸽可用两根16号不等长的铁丝制成支架，短的要自头顶至脚的长度，再加上装板所需的长度；另一根比短的长出4厘米。将两根铁丝的一端并齐，然后扭旋5~6转（图36），

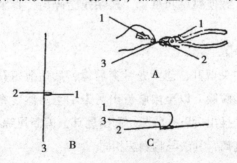

图36　鸟类铅丝支架的制作法

扭绞的一般长度相当于自头至腹部的长度。然后将两铁丝向外分开成90°角，根据身体大小，将两铁丝向上再向下方折回，做成左右脚支柱。另一端的铁丝将短的作为头的支柱，绕上棉花，粗细接近颈部。较长的1根折向后方，作尾的支柱。在翼部穿一铁丝（小型鸟类除外），这样可以避免标本整形时翼部下垂（如要做展翼标本，支持两翼的铁丝要更长一些，其长度较展翼时两指骨间的直线长度长4厘米，将该铁丝变成"⌄"形，即成展翼支架。根据经验附骨架的各铁丝稍放长一点。装架后再把露在体外的多余部分剪掉，对初学者是有帮助的。将做好的骨骼装入皮内，装时把铁丝头用锉刀锉尖，利于穿入，先装头部，铁丝可穿透额骨，露出头外，再穿两翼和两脚，最后在尾羽下穿出尾部，骨架放好后，按剥制方法装填。

各种鸟类剥制标本支架用铅丝规格参考表

铅丝号数	铅丝直径（毫米）	适用种类
8	4.19	白鹈鹕、白尾海雕、疣鼻天鹅、白鹳、丹顶鹤
10	3.40	灰鹤、孔雀、斑嘴鹈鹕、小天鹅、黑脚信天翁
12	2.76	鸢、大白鹭、苍鹭、豆雁、鹇鸡
14	2.11	绿头鸭、白鹇、环颈雉、银鸥、苍鹰、蓝马鸡
16	1.65	鸳鸯、花脸鸭、乌鸦、池鹭、冠鱼狗、家鸽
18	1.24	黄鹂、绿啄木鸟、杜鹃、画眉、蓝翡翠、太平鸟
20	0.89	白头鸭、小翠鸟、长尾鹨、雨燕、云雀、大苇莺
22	0.71	麻雀、白脸山雀、绣眼、黄喉鹀、白眉鹀
24	0.56	黄腰柳莺、太阳鸟、红头长尾山雀、长尾缝叶莺

● (二) 整形●

做姿态标本，其栖息、飞行的各种姿态力求与生活时相似。水鸟和陆栖鸟类可直接固定在台板上；树栖鸟类要选一合适的树枝，先将树枝固定在台板上，再将鸟固定在树枝上，用清漆涂抹鸟嘴、脚及肉垂等裸露部分。安装玻璃义眼，不论是购买或自制，都是无色半圆凹形玻璃片。要根据标本记录瞳孔的大小、形状和虹彩的颜色，用颜料配成画好，干后再涂一层清漆，放通风处晾干待用。玻璃义眼制作的好坏，直接影响到姿态标本的质量。全部做成后，和假剥制一样需要整形，用纱布或薄棉花包裹固定，待干后取下棉花（图37），再在台板上贴好标签（图37）。

图37　鸽剥制标本的装立

第二节　笼养鸟标本的保养方法

为了使赏玩动物标本能长期保存供观赏玩、教学和科研使用，必须搞好标本的保养，防止虫蛀、防湿和防尘。

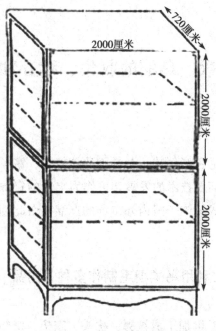

图 38 观赏动物标本柜

赏玩动物的姿态标本存放到动物标本玻璃柜中陈列，供人观赏，既美化点缀环境，又能得到保养和管理。动物剥制标本柜橱玻璃必须密闭（图 38）。为了防止蠹虫蛀标本和防湿，柜橱中放入适量的樟脑块和硅胶为吸水剂，并要经常检查标本有无虫害，一旦发现蛀蚀标本及时将标本取出消毒，待蛀虫杀灭后再将标本放回柜橱中存放；对于严重蛀蚀标本应及时焚灭。每年夏季霉雨季节，为了防虫防湿标本柜橱中需要增添一些驱虫剂和吸水剂。同时动物标本要避免阳光直射，防止引起标本变形。

第六章　鸟羽的收集、贮存和利用

鸟类羽毛色彩鲜艳，装饰羽质地轻软，富有弹性，防潮保暖。随着高新技术的发展，可作为宝贵的资源收集鸟类羽毛加工，制成畅销于国内外市场的产品，由此创造出巨大的财富。

一、利用鸟类羽毛制作多种日用品

鸟类羽毛可加工成被褥、枕头、床垫、椅垫、沙发等填充料，每年可获得纯收入百万元以上。用鸟类羽毛制作日用品的填充料具有重量轻、美观耐用、保温性能好的优点。其制法：先将收集到的鸟类羽毛用温热水洗涤 1～2 次，除去污垢等杂质后，放在阳光下晒干。然后用 60～70℃的肥皂水和少量纯碱进行清洗，除脂后再用清水冲洗干净，经晾干或烘干，即可用高压锅、蒸锅或蒸笼消毒杀菌。将消毒杀菌的羽毛和羽绒用干净的细布包好，放在阳光下晒干，或置于烘箱内（60～70℃）烘干，即可制成上述日用品的填充料。利用鸟类羽毛还可制作多种多样、典雅美观、五光十色的羽毛掸和鸟类羽毛扇，既是日用品，又是艺术品，深受广大消费者欢迎。

二、利用禽鸟羽加工成多种美观大方的工艺品

利用禽鸟羽毛可加工成小巧玲珑的人造鸟、猫、狗、燕子、蝴蝶、鸽等多种动物工艺品，是深受广大消费者青睐的工艺品。

三、加工成粗制复合氨基酸

雉鸡、孔雀、天鹅、鸭、鹅、鸽羽毛梗可加工成粗制复合氨基酸。这种粗制复合氨基酸可用作畜禽饲料添加剂。

其制法如下：

● （一） 水解 ●

将禽羽毛梗与工业盐酸按比例一同放入玻璃钢器皿中，通过蒸气加热到 105～108℃，经 1.5～2 小时羽毛梗全部溶解，然后保持原来的气压，水解羽毛梗 8～12 小时，再用二缩脲检查水解是否完全。

● （二） 中和 ●

将水解液压至缸内中和，加入稀氢氧化钠溶液，并调节 pH 值为 6.5～6.8，再加入米糠或麸皮等载体吸收，直至完全吸收为止。

● （三） 干燥 ●

将上述温料移入干燥室，以 50～80℃ 热风干燥，使其成

品含水率降至12%以下。

●（四）粉碎●

干燥过的块料经粉碎机粉碎，抽样检查，符合标准方可包装，此项产品即为复合氨基酸粗制品。也可将经洗净晒干和消毒杀菌处理后的禽羽毛用粉碎机粉碎成羽毛粉，羽毛粉含10多种氨基酸，含粗蛋白70%左右。畜禽进食适量羽毛粉后，能明显提高饲料利用率，降低饲料成本。

四、利用禽类羽毛制作胱氨酸

胱氨酸可广泛用于食品、化工等领域。目前，市场收购价每吨已达8万元以上。其制法如下。

●（一）原料处理●

取鸟类羽毛、猪毛25千克，用清水冲洗干净去杂质后倒入大盆中，加入少量洗洁精和适量开水，使水温达到40℃，洗去油脂后，取出用清水冲洗，晾干备用。

●（二）水解粗制●

将处理过的原料投入盛有50千克浓度为30%工业盐酸的反应器中，边升温边搅拌，加热至微沸，保温2小时，然后加入1.5千克活性炭，搅匀使其脱色，并趁热过滤收集滤液，再用10%氢氧化钠溶液中和，调节物料pH值在4.5～5.5，让其静置结晶，隔夜后过滤，结晶物即为淡黄色的粗制胱氨酸。

●（三）精制●

加5%盐酸使粗制品刚好溶解，加3%活性炭，加热到

60℃，搅拌 15 分钟，并趁热过滤，重复此操作，直至溶解液呈淡黄色为止，再用氨水中和，并用精密试制剂调节 pH 值为 5，静止 5~6 小时过滤，然后用蒸馏水和 95% 乙醇分别洗涤 2 次，便可得到精制的胱氨酸。

五、利用禽羽毛、羊毛、猪鬃、鱼肉制品、角屑等制角蛋白质

角蛋白质是生产蛋白质塑料——人造象牙、食用蛋白质、乳化剂、洗涤剂、制胶、人造纤维及医药上所用的许多氨基酸的宝贵原料，还用于饲料的添加剂等。其制法：将上述蛋白质原料用 10% 浓度的硫化钠进行处理，液化为 1:10，在 20℃时搅拌约 4 小时制取弱碱性蛋白质，而在 80℃时搅拌 4 小时制取水溶性角蛋白。这种方法如在温度 20℃时进行，可制得 90%~95% 可溶角蛋白，产品具有溶解于水或溶于弱碱中的性能。产率之大小与所用的原料的种类与粉碎程度有关。

附：国家重点保护野生动物驯养繁殖许可证管理办法

第一条 为保护、发展和合理利用野生动物资源，加强野生动物驯养繁殖管理工作，维护野生动物驯养繁殖单位和个人的合法权益，根据《中华人民共和国野生动物保护法》第十七条规定，制定本办法。

第二条 从事驯养繁殖野生动物的单位和个人，必须取得《国家重点保护野生动物驯养繁殖许可证》（以下简称《驯养繁殖许可证》）。没有取得《驯养繁殖许可证》的单位

和个人，不得从事野生动物驯养繁殖活动。

本办法所称野生动物，是指国家重点保护的陆生野生动物；所称驯养繁殖，是指在人为控制条件下，为保护、研究、科学实验、展览及其他经济目的而进行的野生动物驯养繁殖活动。

第三条 具备下列条件的单位和个人，可以申请《驯养繁殖许可证》：

（一）有适宜驯养繁殖野生动物的固定场所和必需的设施；

（二）具备与驯养繁殖野生动物种类、数量相适应的资金、人员和技术；

（三）驯养繁殖野生动物的饲料来源有保证。

第四条 有下列情况之一的，可以不批准发放《驯养繁殖许可证》：

（一）野生动物资源不清；

（二）驯养繁殖尚未成功或技术尚未过关；

第五条 驯养繁殖野生动物的单位和个人，必需向所在地县级政府野生动物行政主管部门提出书面申请，并填写《国家重点保护野生动物驯养繁殖许可证申请表》。凡驯养繁殖国家一级保护野生动物的，由省、自治区、直辖市政府林业行政主管部门报林业部审批；凡驯养繁殖国家二级保护野生动物的，由省、自治区、直辖市政府林业行政主管部门审批。经批准驯养繁殖野生动物的单位和个人，其《驯养繁殖许可证》由省、自治区、直辖市政府林业行政主管部门核发。《驯养繁殖许可证》和《国家重点保护野生动物驯养繁殖许可证申请表》由林业部统一印制。

　　第六条　以生产经营为主要目的驯养繁殖野生动物的单位和个人，须凭《驯养繁殖许可证》向工商行政管理部门申请注册登记，领取《企业法人营业执照》或《营业执照》后，才能从事野生动物驯养繁殖活动。

　　第七条　驯养繁殖野生动物的单位和个人，应当遵守以下规定：

　　（一）遵守国家和地方有关野生动物保护管理政策和法规，关心和支持野生动物保护事业；

　　（二）用于驯养繁殖的野生动物来源符合国家规定；

　　（三）接受野生动物行政主管部门的监督检查和指导；

　　（四）建立野生动物驯养繁殖档案和统计制度；

　　（五）按有关规定出售、利用其驯养繁殖野生动物及其产品。

　　第八条　驯养繁殖野生动物的单位和个人，必需按照《驯养繁殖许可证》规定的种类进行驯养繁殖活动。需要变更驯养繁殖野生动物种类的，应当比照本办法第五条的规定，在2个月内向原批准机关申请办理变更手续；需要终止驯养繁殖野生动物活动的，应当在2个月内向原批准机关办理终止手续，并交回原《驯养繁殖许可证》。

主要参考文献

[1] 傅桐生，高玮，宋榆钧. 鸟类分类及生态学 [M]. 北京：高等教育出版社. 1987.

[2] 百问百答编写组. 家庭养鸟百问百答 [M]. 成都：四川科学技术出版社. 1997.

[3] 王增年，等. 笼养鸟技术手册 [M]. 北京：中国农业大学出版社. 1999.

[4] 钟福生. 养鸟驯鸟技法 [M]. 长沙：湖南科学技术出版社. 2001.

[5] 高本刚，陈习中. 特种禽类养殖与疾病防治 [M]. 北京：化学工业出版社. 2004.

[6] 高本刚，余茂耘，李典友. 观赏动物赏玩与驯养大全 [M]. 北京：化学工业出版社. 2014.

[7] 赵正达. 家养宠物500问 [M]. 上海：上海三联书店. 2002.